AF192588

CAJAL
Y LA EMOCIÓN DE LOS LIBROS

CAJAL
Y LA EMOCIÓN DE LOS LIBROS
Encuentros y desencuentros literarios de Santiago Ramón y Cajal

José Manuel Sánchez Ron

CONSEJO SUPERIOR DE INVESTIGACIONES CIENTÍFICAS
Madrid, 2024

Catálogo de publicaciones de la Administración General del Estado:
https://cpage.mpr.gob.es

Editorial CSIC: *http://editorial.csic.es* (correo: *publ@csic.es*)

© CSIC, 2024
© José Manuel Sánchez Ron
© Viñeta de cubierta: Puri Salví
Imágenes reproducidas bajo dominio público

ISBN: 978-84-00-11274-5
e-ISBN: 978-84-00-11275-2
NIPO: 155-24-069-5
e-NIPO: 155-24-070-8
Depósito Legal: M-9218-2024

Corrección: María Sánchez (Editorial CSIC)
Maquetación: Enrique Barba (Editorial CSIC)
Impresión y encuadernación: RB Fotocomposición, S.A.
Impreso en España. *Printed in Spain*

En esta edición se ha utilizado papel ecológico sometido a un proceso de blanqueado ECF, cuya fibra procede de bosques gestionados de forma sostenible.

Creo que España debe desarrollar su ingenio propio, su personalidad original, en arte, en literatura, en filosofía, hasta en modo de considerar la vida, pero en ciencia debemos internacionalizarnos. Hay escuelas filosóficas, literarias, artísticas, políticas; pero sólo hay una ciencia, la cultivada desde Galileo a Pasteur y Claudio Bernard. Todo nos urge, pero nos urge sobre todo la ciencia, que es de lo que vamos peor. Y si por este lado no completamos nuestro patrimonio espiritual, corremos grave riesgo de ser expropiados como nación y aniquilados como raza. Es preciso, en suma, ser completos para ser respetados.

Santiago Ramón y Cajal a Miguel de Unamuno,
26 de marzo de 1913

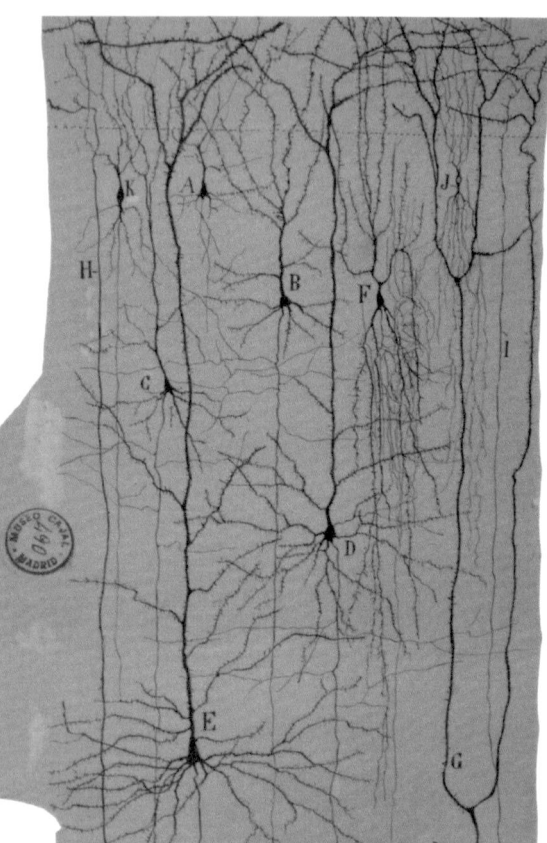

ADMIRAMOS, recordamos y honramos a Santiago Ramón y Cajal (1852-1934) por la ciencia universal y perdurable que nos dejó. Le definió bien el holandés Cornelius Ubbo Ariëns Kappers, director del Instituto de Investigación Neurológica de la Real Academia Holandesa de Ciencias, en una carta fechada el 23 de marzo de 1921, en la que le agradecía al sabio de Petilla de Aragón el envío de la «admirable colección de sus 'Trabajos'», tras lo cual añadía: «No, no me falta ningún volumen y estoy orgulloso de que mi Instituto los haya recibido de usted mismo, el más grande neurólogo que ha existido y que probablemente jamás existirá».[1]

---

[1] Reproducida en Juan Antonio Fernández Santarén, *Santiago Ramón y Cajal, Epistolario,* Madrid, La Esfera de los

Fue, en efecto, bajo cualquier vara de medir, un gran científico, uno de los grandes de la ciencia de todos los tiempos, de esos pocos cuyo nombre no podrán olvidar los libros de historia de la ciencia que se escriban en el futuro, aunque se trate de un futuro muy lejano. Hermano en la ciencia de los Euclides, Newton, Lavoisier, Darwin o Einstein. Pero además de excelso científico, de inconmensurable histólogo, Ramón y Cajal fue alguien a quien se le puede aplicar perfectamente la famosa frase de Terencio: «Homo sum, humani nihil a me alienum puto» («Soy un hombre, nada humano me es ajeno»). Rebelde en su juventud, triscó libre y con frecuencia salvajemente para desesperación de su estricto padre, el médico hecho a sí mismo, Justo Ramón Casasús (1822-1903). Fue un asiduo y sociable tertuliano allá donde viviera, hasta que los años y los males del cuerpo y el hastío de la vida vivida le llevó a aislarse. Amó, practicó o se interesó profundamente por disciplinas y actividades como la pintura, la fotografía, la mirmecología, la gimnasia, el ajedrez, la astro-

Libros-Fundación Ignacio Larramendi, 2014, p. 310. Conservada en el Legado Cajal, Museo Nacional de Ciencias Naturales (en adelante, Legado Cajal-CSIC).

nomía… y la literatura. De esta última actividad y afición, que llevó consigo a lo largo de toda su vida, trataré aquí, no sin antes señalar que la cultura humanística, literaria y filosófica de Cajal fue muy notable; abundan en sus escritores referencias a clásicos del pasado y a autores de su tiempo.[2]

LECTURAS JUVENILES

La aportación más notable de Cajal a la literatura, la más perdurable, es su propia autobiografía, *Recuerdos de mi vida,* publicada en dos partes, inicialmente un primer tomo, *Mi infancia y juventud* (Madrid, Imprenta de Fortanet, 1901), cuya segunda edición se vio acompañada de la segunda parte, *Historia de mi labor científica* (dos tomos, 1917, con el mismo editor). No escasean las autobiografías de científicos, especialmente desde que la ciencia ganara reconocimiento e interés social tras las revoluciones relativista y cuántica del siglo XX,

---

[2] Aparte de lo que se verá en las páginas que siguen, poseo copia de un cuaderno manuscrito en el que Cajal anotó citas extraídas de los libros que leía, preferentemente, pero no exclusivamente, de clásicos griegos y latinos de la Antigüedad.

pero para mí, la de Cajal, junto a la de Charles Darwin, son las mejores. Y es gracias a sus *Recuerdos* como podemos conocer las lecturas juveniles de Cajal. Lecturas a las que siempre accedió luchando contra los deseos e inclinaciones de su padre:[3] «Mi padre, intelectualista y practicista a ultranza, estaba muy lejos de ser un sentimental. Se lo estorbaba cierto concepto equivocado del arte, considerado como profesión social. En su sentir, la pintura, la escultura, la música, hasta la literatura, no constituían modos formales de vivir, sino ocupaciones azarosas, irregulares, propias de gandules y de gente voltaira y trashumante, y cuyo término, salvo casos excepcionales, no podía ser otro que la miseria y la desconsideración social».

Tampoco le ayudó la enseñanza del latín que recibió en el Colegio de los Padres Escolapios de Jaca, a donde su padre le llevó en 1861 y donde cobró «odio a la Gramática latina, en donde no veía sino un chaparrón abrumador de reglas desautorizadas por infinitas excepciones, que había que meter en la cabeza, quieras que no, a

---

[3] Santiago Ramón y Cajal, *Recuerdos de mi vida*, 3.ª ed., Madrid, Imprenta de Juan Pueyo, 1923, cap. VII, p. 36. Todas las citas sucesivas proceden de esta edición.

martillazo limpio, como clavo en la pared» (cap. 7, p. 39). Sus textos latinos, «el Cornelio Nepote, el Arte poética de Horacio, etc.», se transformaron rápidamente en álbumes donde su «desbordante imaginación depositaba diariamente sus estrafalarios engendros».

No obstante el autoritario y seco carácter del padre, don Justo «poseía algunas obras de entretenimiento», pero las alejaba, «como mortal veneno», de la curiosidad de sus hijos. Pero la madre contrarrestaba esta rectitud: «[...] a hurtadillas, de la autoridad paterna, nos consentía leer alguna novelilla romántica que guardaba en el fondo de baúl desde sus tiempos de soltera. Eran, lo recuerdo bien: *El solitario del monte salvaje, La extranjera, La caña de Balzac* [*La caña de monsieur Balzac,* de Emilia de Girardin; *La canne de M. de Balzac,* 1867], *Catalina Howard, Genoveva de Bramante* y algunas otras cuyos títulos y autores se han borrado de mi mente» (cap. 13, pp. 66-69).

«Fuera de las citadas novelas [continuaba recordando Cajal, refiriéndose a sus vacaciones en Ayerbe durante el verano de 1864], mis lecturas recreativas habíanse reducido hasta entonces a algunas poesías de Espronceda, de quien yo era fogoso admirador, y a cierta colección de romances clásicos e historias de caballería andante, que por aquellos tiempos vendían a cuatro cuartos los ciegos y los tenderos de estampas, aleluyas y objetos de escritura. Por entonces —lo he dicho ya— era yo un romántico ignorante del romanticismo. Ningún libro de Rousseau, Chateaubriand, Víctor Hugo, etc., había llegado a mis manos».

Sin embargo, la inquietud exploradora del joven Santiago le reportó una agradable sorpresa:

Mas el azar se hace muchas veces cómplice de nuestros deseos. Un día, explorando a la ventura mis resbaladizos dominios de tejas arriba, me asomé a la ventana de cierto desván perteneciente al vecino confitero y contemplé, ¡oh gratísima sorpresa!, al lado de trastos viejos y algunos cañizos cubiertos con dulces y frutas secas, copiosa y variadísima colección de novelas, versos, historias, poesías y libros de viajes. Allí se mostraban, tentando mi ardiente curiosidad, el tan celebrado *Conde Montecristo* y *Los tres Mosqueteros*, de Dumas (padre); *María o la hija de un jornalero*, de E. Sué; *Men Rodríguez de Sanabria*, de Fernández y González; *Los Mártires, Atala y Chacias* y el *René* de Chateaubriand; *Graziella* de Lamartine; *Nuestra Señora de París* y *Noventa y tres*, de Víctor Hugo; *Gil Blas de Santillana* de Le Sage; *Historia de España*, por Mariana; las *Comedias* de Calderón, varios libros y poesías de Quevedo, *Los viajes del capitán Cook,* el *Robinsón Crusoe,* el *Quijote* e infinidad de libros de menor cuantía de los que no guardo recuerdo puntual. Bien se echaba de ver que el confitero era hombre de gusto y que no cifraba solamente su ventura en fabricar caramelos y pasteles.

Cauto, diseñó un plan para no ser sorprendido. Lo consiguió y así pudo saborear, «libre de sobresaltos, las obras más interesantes de la biblioteca»:

> ¿Quién sería capaz de encarecer lo que yo me deleité con aquellas sabrosísimas lecturas? Tan grandes fueron mi entusiasmo y alegría, que me olvidaba de todos los vulgares menesteres de la vida material.
>
> ¡Cuántas —continuaba recordando— exquisitas sensaciones de arte me trajeron aquellas admirables novelas! ¡Qué de interesantes y novísimos tipos humanos me revelaron! Las descripciones brillantes de los bosques vírgenes de América, donde la vida vegetal desbordante parece ahogar la insignificancia del hombre, en *Atala;* los ternísimos y castos amores de Cimodocea, en *Los Mártires;* la gentil y angelical figura de *Graziella;* la pasión exaltada y casi monstruosa de Cuasimodo, en *Nuestra Señora de Pa-*

rís; la nobleza, magnanimidad y valor puntilloso de los inconmensurables *Artagnan, Porthos* y *Aramis,* en *Los tres Mosqueteros,* y en fin, la fría, inexorable y meditada venganza del protagonista del *Conde de Montecristo,* cautiváronme y conmoviéronme de modo extraordinario.

Al fin, aunque por medios ilícitos, trabé conocimiento con las grandiosas creaciones de la fantasía; seres soberbios y magníficos, todo voluntad y energía, de corazón hipertrófico sacudido por pasiones sobrehumanas. Verdad es que casi todas las novelas devoradas por entonces pertenecían a la escuela romántica, a la sazón en boga, cuyos héroes parecen forjados expresamente para subyugar a la juventud, siempre sedienta de lances extraordinarios y de aventuras maravillosas.[4]

---

[4] Aquí Cajal incluía la siguiente nota a pie de página: «Sabido es que hoy se acusa, acaso con razón, a toda la producción romántica de insinceridad, de hinchazón sentimental y verbalista, y a sus autores de histriones hiperbólicos, de inteligencia precaria, tan rebosantes de palabras como pobres de ideas, en suma, de falseadores sistemáticos de la naturaleza; pero convengamos en que las imaginaciones calenturientas de los jóvenes de catorce a veinte años preferirán siempre dicha literatura a la de todos los ecuánimes narradores de emociones verdaderas o de cuadros fríamente naturalistas».

Difícil me sería señalar hoy, pasados tantos años, cuáles fueron los libros que me impresionaron más hondamente. Creo, empero, no apartarme mucho de la verdad declarando que me emocionaron y cautivaron sobremanera las amenísimas novelas de peripecias e intrigas de Dumas (padre) y las ultra-románticas de Víctor Hugo, que diputé entonces superiores al *Fausto,* al *Gil Blas* de Santillana y hasta —rubor me da confesarlo— al asombroso *Don Quijote.*

Especial impresión le produjo la lectura de *Robinson Crusoe* y *Don Quijote:*

El *Robinson Crusoe* (que volví a leer más adelante con verdadera delectación) revelóme el soberano poder del hombre enfrente de la naturaleza. Pero lo que me impresionó en grado máximo fue el noble orgullo de quien, en virtud del propio esfuerzo, descubre una isla salvaje llena de acechanzas y peligros, susceptible de transformarse, gracias a los milagros de la voluntad y del esfuerzo inteligente, en deleitoso paraíso. ¡Qué soberano triunfo debe ser —pensaba— explorar una tierra virgen, contemplar pasajes inéditos adornados de fauna y flora originales, que parecen creados expresamente para el descubridor como galardón al supremo heroísmo!

Entre libros y microscopios.

Aunque no estaba todavía preparado para apreciar en todo su altísimo valor la inestimable joya de Cervantes, mucho me solacé también con las épicas aventuras de Don Quijote y con los sabrosos coloquios de caballero y escudero. Mas a fuer de ingenuo, debo declarar que me desagradó la filosofía que se desprende de la genial novela. ¡Cómo había de gustarme su sentido hondamente realista si venía a contrariar mi incorregible idealismo! Yo tomaba por lo serio el papel de Don Quijote; y, así, llegábame al alma lo malparado que el esforzado caballero quedaba en casi todos los lances y aventuras.

Además —¿por qué no decirlo?— aquella melancólica derrota de Barcelona a manos del ramplón Sansón Carrasco produjérome gran decepción. «Eso no!... —exclamaba en mis arrebatos románticos—; el héroe manchego no mereció ser vencido. Bueno que en el mundo real triunfen los vulgares campeones del sentido común, pero en la obra de arte destinada a levantar el corazón y sublimar la virtud, el protagonista debe flotar sobre las ruindades del ambiente moral y alcanzar gloriosa apoteosis».

Claro está que, a mi escasa sindéresis, escapaba la idea central de la grandiosa concepción cervantina: desterrar las locuras y disparates de las novelas caballerescas para fundar la obra artística sobre los sólidos cimientos de la experiencia; que, al fin y al cabo, sólo las narraciones artísticas de sucesos verosímiles, ingeniosamente tejidas con elementos de la vida real, alcanzan el alto privilegio de enseñar, edificar y deleitar.

Por las antecedentes frases, que traduce harto libremente mis emociones de la adolescencia y juventud, comprenderá el lector que el sano y fuerte realismo del *Quijote* no me hizo gracia. Sólo más tarde, curado del empalagoso romanticismo que padecí, aprendí a gustar el espíritu del libro, a recrearme con la riqueza, donosura y elegancia del estilo, y a apreciar en su valor exacto la maravillosa armonía resultante del contraste entre los soberbios tipos de Don Quijote y Sancho, personajes que —según se ha dicho muchas veces— con ser altamente ideales, vienen a ser los más reales y universales concebibles, porque simbolizan y encarnan los dos mundos antípodas del sentir y pensar humanos.

CAJAL Y *DON QUIJOTE*

Como acabamos de ver, Cajal fue, ya de joven, un lector del *Quijote*. Bastantes años después, cuando ya era reconocido internacionalmente y su fama había llegado lejos de España, dejó constancia de su amor por la novela de Cervantes. Fue en 1905, con motivo de las celebraciones del tercer centenario de la publicación de la primera parte del *Quijote,* celebraciones a las que Cajal contribuyó con una conferencia que pronunció en la sesión conmemorativa que tuvo lugar el 9 de mayo en el Colegio de Médicos de San Carlos, y que posteriormente fue publicada en el *Boletín del Colegio de Médicos de Gerona* (vol. 10, pp. 101-113, 1905]) bajo el título de «Psicología del Quijote y el quijotismo».[5] Se unió así a la larga nómina de comentaristas del *Quijote,* entre los que no es posible olvidar a Miguel de Unamuno con su *Vida de don Quijote y Sancho* (1905), y las *Meditaciones del Quijote* (1914), de José Ortega y Gasset.

Comenzaba Cajal su discurso con una muestra de su siempre acendrado patriotismo:[6]

> Universalmente admirada es la soberbia figura moral del hidalgo manchego, don Alonso Quijano el Bueno, convertido en andante caballero por la sugestión de los disparatados libros de caballerías, representa, según se ha dicho mil veces, el más perfecto símbolo *del honor* y *del altruismo*. Jamás el genio anglosajón, tan dado a imaginar caracteres enérgicos y originales, creó personificación más exquisita del individualismo indómito y de la abnegación sublime.

---

[5] También, en el mismo 1905, se publicó en forma de folleto en la imprenta madrileña de Nicolás Moya, pero con muy escasa tirada.

[6] Utilizo la versión incluida en *La psicología de los artistas. Las estatuas en vida y otros ensayos inéditos o desconocidos de Santiago Ramón y Cajal,* García Durán Muñoz y Julián Sánchez Duarte, comps., Vitoria, 1945, pp. 55-75.

PSICOLOGÍA

DE

DON QUIJOTE Y EL QUIJOTISMO

DISCURSO LEÍDO

POR

D. S. R. CAJAL

EN LA SESIÓN CONMEMORATIVA DE LA PUBLICACIÓN DEL QUIJOTE

Celebrada por el Colegio Médico de San Carlos
el día 9 de Mayo.

MADRID
IMPRENTA Y LIBRERÍA DE NICOLÁS MOYA
Garcilaso, 6, y Carretas, 8.
—
1905

22

Y continuaba explorando la psicología del Caballero de la Triste Figura:

Todos los grandes soñadores aspiran a realizar sus ensueños, a vestir sus quimeras de carne y sangre, lanzando al mundo un tipo humano diferente y superior al actual, creador de una corriente de vida poderosa y arrolladora de las barreras levantadas por el sentimiento, el interés y la tradición. Diríase que es la idea que aspira a cuajarse en materia, que, surgida en el cerebro como eco lejano de la realidad, pugna por remontarse a su fuente y erigirse en tirana y maestra de la naturaleza misma.

Esta importante ley psicológica, bien conocida de Cervantes, cúmplese en Don Quijote. También éste acaricia un ensueño luminoso y quiere vivirlo y hacerle vivir a los demás hermoseando y ennobleciendo la tierra con sus mágicos destellos. [...]

Si a tan admirable encarnación de la religión del deber y del altruismo no hubiera añadido Cervantes algunos rasgos patológicos, el tipo de Don Quijote, con ser de contestura ciclópea, habría quedado reducido a las modestas proporciones de un filósofo práctico, un tanto exaltado e imbuido en arrogante confianza en su buena estrella y en la excelsitud de su misión.

No olvidaba don Santiago al fiel escudero Sancho:

Para conservar serena la mente y viva y plástica la fantasía menester es que el poeta desgraciado evoque, de cuando en cuando, imágenes risueñas, capaces de ocultar y engalanar el fondo tenebroso de la conciencia, al modo como la irisada espuma disimula el obscuro e insondable piélago, Compensación emocional de este género representa, en mi sentir, el humorismo de Sancho Panza. […]

¡Yo te saludo, pues, *«Sancho el pacífico, Sancho el bueno, Sancho el jovial»*! En las páginas de tu imperecedera epopeya no simbolizan tan solo en la baja meseta del sentido común el saber humilde del pueblo acuñado en refranes, el lastre sin el cual el hinchado globo del ideal estallará en las nubes. Tú eres algo más y mejor que todo eso. Con tus gracias, socarronerías y donaires consolaste el espíritu de Cervantes haciéndole llevadera la carga abrumadora de angustia y desventuras. Por ti amó la vida y el trabajo, y pudo, tiempos adelante, y curado de enervadores pesimismos, retornar a los románticos amores de la juventud, componiendo el *«Persiles»*, verdadero libro de caballerías, y el *«Viaje al Parnaso»*, admirable y definitivo testamento literario.

Una de las características de los escritos ensayísticos y literarios de Santiago Ramón y Cajal es que en ellos se transparenta su propia personalidad, sus ideales y sus decepciones. Su conferencia cervantina está plena de esas «trasparencias». Entre ellas, se encuentra una referente a América, a la gran epopeya de la historia española. Refiriéndose a los «conquistadores», a «un tiempo en que la Iberia rindió copiosa cosecha de Quijote en todas las direcciones de la humana actividad», manifestaba que a esa «casta pertenecieron señaladamente no pocos descubridores y conquistadores de América y Oceanía, en cuyas rudas e ingenuas naturalezas concurrían rasgos exquisitamente quijotiles: la sed devoradora de gloria, el desprecio de la vida, y la clara ambición de poder y de mando». Pero:

> Por desgracia, aquellos hombres enamorados de la vida y de la acción, descubridores y debeladores de inmensos continentes, dejaron una prole despreciadora de la tierra y exclusivamente ambiciosa de beatíficas «ínsulas». Refugiados en la austeridad de la religión, huidos del mundo y de sus glorias, los Quijotes pocas veces cruzaron el Atlántico en busca de dramáticas y novelescas hazañas. De Sanchos se

iban progresivamente poblando las colonias, y lo que fue peor, regidas por Panzas fueron, o a lo sumo por sesudos, morigerados y egoístas *caballeros del verde gabán».*

Y de ahí a la ciencia hispana:

Más yermo aún de grandes abnegaciones y de levantados quijotismos se nos presenta el campo de la ciencia y de la filosofía española. Enamorados de libros viejos y poco atentos a la inmensa renovación espiritual que trajo el Renacimiento a todas las esferas del saber, la mayoría de nuestros pensadores y científicos limitábanse por lo común a aplicar modestamente los teoremas matemáticos y los hechos físicos y biológicos descubiertos por extranjeros, a la geografía, a la medicina, al arte de la navegación, a la metalurgia y a la industria guerrera. Exceptuados sabios como Azara, Servet, Gómez Pereira, Huarte, Vives, y algunos otros, en que fulguran de cuando en cuando, relámpagos de fuego creador o instituciones geniales, nuestros científicos hicieron siempre gala de desdeñar los temas de pura investigación, las verdades especulativas despojadas de aplicación útil; sin echar de ver, según les ocurre hoy mismo a muchos intelectuales, que la ciencia llamada «*práctica*» está indisolublemente unida a la abstracta o idealista, como el arroyo a su manantial.

LA «MANÍA LITERARIA» DE CAJAL

Cuando ya atisbaba el final de la carrera de Medicina (1870-1873) y el estudio de las últimas asignaturas, y sus tareas como disector (en 1872 había sido nombrado «ayudante de Anatomía y Disección» de la Escuela de Medicina de Zaragoza) le dejaban algún tiempo libre, que Cajal lo empleaba en satisfacer sus «aficiones pictóricas y otros entretenimientos», surgieron en él «tres nuevas manías: la *literatura,* la *gimnástica* y la *filosófica*». A ellas se refirió en sus memorias; de la literaria, que calificó de «Grafomanía», decía el capítulo XXI (pp. 114-115):[7]

---

[7] De su «Manía filosófica» decía: «En mi afán de saber cuanto acerca de Dios, el alma, la substancia, conocimiento, el mundo y la vida habían averiguado los pensadores más preclaros, leí casi todas las obras metafísicas existentes en la biblioteca de la Universidad y algunas más proporcionadas por los amigos. A decir verdad, esta *manía razonadora* no era nueva en mí, según consta en capítulos anteriores: asomó ya durante mis estudios del Instituto;

Fue un ejemplo típico de contagio. Reinaba en España, durante la época revolucionaria, cierta peste lírica, agravada con la persistente inoculación del romanticismo francés. Con ocasión de cualquier acontecimiento político, brotaban en los diarios himnos y odas a granel. Los prosistas escribían en estilo señoril, noble y altisonante (recuérdese al pobre Bécquer, a Donoso Cortés, Quadrado y Castelar) y los poetas componían estrofas con cadencias y sonori-

<hr />

pero después de la Revolución (años de 1871 a 75) tuvo peligroso recrudecimiento. / Paréceme que por aquel tiempo esta afición no era del todo sincera; lo fue, sin duda, más adelante. Pero entonces, antes de meditar honradamente sobre tan altos asuntos, deseaba apropiarme los ardides de la sofística para sombrar a los amigos. Con este espíritu de frívola curiosidad fueron leídas, y no siempre entendidas, las obras de Berkeley, Hume, Fichte, Kant y Balmes. Por fortuna, las obras de Hegel, Krause y Sanz del Río no figuraban en la biblioteca universitaria. Yo me perecía por las tesis radicales y categóricas. Adopté, por consiguiente, el *idealismo absoluto.* A la verdad, el gallardo idealismo de Berkeley y Fichte teníanme cautivado. Ni se ha de olvidar que, por aquella época, era yo ferviente y exagerado espiritualista. / Con un ardor digno de mejor causa, pretendía refutar, ante mis camaradas un poco desconcertados, la existencia del mundo exterior, el *noumenon* misterioso de Kant, afirmando resueltamente que el *yo,* o por mejor decir, mi *propio yo,* era la única realidad absoluta y positiva».

dades musicales. En la novela, nuestro ídolo era Víctor Hugo; en el género lírico, Espronceda o Zorrilla, y en la oratoria Castelar. Débiles ante la avasalladora sugestión del medio, muchos jóvenes fuimos gravemente atacados de la enfermedad a la moda. Según era de temer, los temperamentos sentimentales como el mío sufrieron mayor estrago que las cabezas frías y utilitarias. Caí, pues, en la tentación de hacer versos, componer leyendas y hasta novelas. Transcurridos algunos años, sobrevino al fin la convalecencia, y con ella el amargo desengaño. Si no estoy trastocado, de entre mis condiscípulos poetas, sólo Joaquín Jimeno continuó escribiendo, hasta convertirse en director de un diario político. Pero Jimeno, que llegó a ser después profesor de la Facultad de Medicina y político hábil y prestigioso (pertenecía al partido posibilista), disponía de preparación excelente en gramática y humanidades, y de exquisito paladar literario, de que yo, por desgracia, carecía.

¿Para qué hablar de mis versos? Eran imitación servil de Lista, Arriaza, Bécquer, Zorrilla y Espronceda, sobre todo de este último, cuyos cantos al Pirata, a Teresa, el Cosaco, etc., considerábamos los jóvenes como el supremo esfuerzo de la lírica. Aparte la música cautivadora del verso y la pompa y la riqueza del lenguaje, lo que más nos seducía en la poesía del vate extremeño era su espíritu de audaz rebeldía, tan semejante a la de Lord Byron, conforme hizo notar, con sangrienta intención, el conde de Toreno. Gracias a los buenos oficios del amigo Jimeno, ciertos periódicos locales publicaron bondadosamente algunos de mis versos plagiados, según advertí después, de ripios y lugares comunes. Recuerdo que de todos mis ensayos el que más éxito alcanzó entre mis condiscípulos fue cierta oda humorística escrita con ocasión de ruidosa huelga estudiantil.

Mayor influencia todavía ejercieron en mis gustos las novelas científicas de Julio Verne, muy en boga por entonces. Fue tanta, que, a imitación de las obras *De la tierra a la luna, Cinco semanas en globo, La vuelta al mundo en ochenta días,* etc., escribí una voluminosa novela biológica, de carácter didáctico, en que se narraban las dramáticas peripecias de cierto viajero que, arribado, no se sabe cómo, al planeta Júpiter, topaba con animales monstruosos, diez mil veces mayores que el hombre, aunque de estructura esencialmente idéntica. En paragón con aquellos colosos de la vida, nuestro explorador tenía la talla de un microbio; era, por tanto, invisible. Armado de toda suerte de aparatos científicos, el intrépido protagonista inauguraba su exploración colándose por una glándula cutánea; invadía después la sangre; navegaba sobre un glóbulo rojo; presenciaba las épicas luchas entre leucocitos y parásitos; asistía a las admirables funciones visual, acústica, muscular, etc., y, en fin, arribado al cerebro, sorprendía —¡ahí es nada!— el secreto del pensamiento y del impulso voluntario. Numerosos dibujos en color, tomados y arreglados —claro es— de las obras histológicas de la época (Henle, van Kempen, Kölliker, Frey, etc.), ilustraban el texto y mostraban al vivo las conmovedoras peripecias del protagonista, el cual, amenazado más de una vez por los viscosos tentáculos de un leucocito o de un corpúsculo vibrátil, librábase del peligro y hubiese podido convertirse, a la luz de las nuevas revelaciones de la histología y bacteriología, en obra de amena vulgarización científica. Extravióse sin duda durante mis viajes de médico militar.[8]

Las novelas de Verne comenzaron a «estar en boga», efectivamente, por entonces: en el *Museo de las Familias* apareció, en dos entregas (25 de mayo y 25 de junio de 1852), *América del Sur, Cinco semanas en globo,* la primera

---

[8] En nota a pie de página, Cajal señalaba que «poco después publicó el brillante escritor D. Amalio Gimeno, futuro catedrático de San Carlos, cierta novela de asunto bastante semejante, titulada, si mal no recuerdo, *Aventuras de un glóbulo rojo*».

de la serie de los Viajes Extraordinarios, la publicó en 1867 Alfonso Durán de Madrid; *Viaje al centro de la Tierra* la publicaron cuatro editoriales diferentes entre diciembre de 1867 y agosto de 1868; y en mayo de 1868, la editorial Gaspar y Roig publicó la traducción, ilustrada, de *Ingleses en el Polo Norte*.

Es una pena que se perdiera aquella novela de Cajal, que, como la de Amalio Gimeno mencionada en la nota anterior, se adelantó en muchos años a la película de ciencia ficción *Fantastic voyage,* producida por 20th Century Fox y dirigida por Richard Fleischer, que se estrenó en Estados Unidos en 1966, en la que se narra un viaje al interior del cuerpo humano con un submarino tripulado de tamaño minúsculo construido en un denominado *Centro de Miniaturización* estadounidense.

En cualquier caso, lo cierto es que Cajal no abandonó la afición a la novela de ciencia-ficción. Su segunda experiencia en ese campo se produjo, parece, durante los años que pasó en el ejército, que comenzaron en 1873, después de licenciarse en Medicina, cuando aprobó las oposiciones para acceder al cuerpo de Sanidad Militar como médico segundo, lo que le llevó primero a la provincia de Lérida con el regimiento de Burgos, y después, ya en 1874, a Cuba, donde, como es sabido, terminó enfermando gravemente de paludismo, lo que condujo a que finalmente abandonara el ejército y regresara a España (llegó a Santander el 16 de junio de 1875).

LECTURAS CIENTÍFICAS

Sería absurdo intentar reducir a obras literarias las lecturas de un científico, aunque sea un aspirante a científico, o en el caso del joven Cajal ni siquiera «aspirante a científico», pues tal vocación le llegaría después. Las lecturas de ciencia, propias de la profesión elegida, o de carácter más general, o divulgativas, no pueden faltar. En el capítulo XVIII (pp. 99-101) de *Recuerdos de mi vida,* Cajal describe así las obras leídas en los años 1875 a 1877: «[...] emprendí la lectura de la admirable *Física médica* de Wundt y de la *Óptica fisiológica* del genial Helmholtz. Tales estudios, aparte de satisfacer inclinaciones imperativas de mi espíritu, éranme necesarios para dominar las teorías de la visión y el microscopio». Y el microscopio, recuérdese, fue útil indispensable para llegar a ser el gran histólogo que fue.

Como tantas otras personas, cercanas o alejadas de la ciencia, Cajal tampoco se resistió a la atracción de la astronomía:

> Los libros de [Camille] Flammarión [(1842-1925)] me deleitaron mucho, pero no saciaron plenamente mi afán de comprender. Campea en ellos lirismo desbordante, emoción comunicativa, descripciones pomposas, pero pocas demostraciones. En cambio, el pequeño Manual de [Jean-Henri] Fabre [(1823-1915)], titulado *Le ciel* [subtitulado, *Leçons élémentaires sur la Cosmographie*], fue para mí luminosa revelación.[9] Aquí florece también la retórica, usada con discreción y mesura (sabido es que el «príncipe de los insectos» fue un excelso poeta); pero las frases no ahogan las ideas. Y en todas las páginas del libro late la preocupación de iniciar al principiante en el mecanismo esencial de los métodos geométricos, con ayuda de los cuales fueron descubiertas las estupendas verdades de la cosmografía y astronomía.

---

[9] Se trataba de un libro escolar publicado en 1867. Formaba parte de una serie titulada *La science élémentaire. Lectures et leçons pour toutes les Écoles.*

Fue precisamente aquel librito, que comenzaba con la definición de un triángulo, el que le reconcilió con «da desdeñada *Geometría* y con la execrada *Trigonometría*»: «Allí advertí con asombro que la *ciencia del espacio*, asistida de algunos instrumentos, y trazando algunas líneas en el papel, había dado cima a proezas del tenor siguiente: medir la dimensión y determinar la forma real de la tierra; fijar la distancia y el tamaño de la luna; averiguar el volumen y lejanía del sol; determinar la forma de las órbitas planetarias, etc.». El propio Fabre indicaba justo al comienzo, en el «Prólogo», la importancia de la geometría para la astronomía: «Exposer facilement les choses difficiles, telle est notre constante préoccupation. Or, des volumes de la *Science élémentaire*, un entre tous, la Cosmographie, présentait de graves difficultés. La connaissance du Ciel repose sur la Mécanique et la Géometrie; l'Astronomie n'est au fond qu'un grandiose théoréme». Coherentemente con ello, la primera lección del libro, de la que se benefició especialmente Cajal, estaba dedicada a «La Géométrie».

La historia de la ciencia nos muestra que Cajal no fue el único en tener semejante reacción frente a la geometría. Así lo ejemplifican los casos de Albert Einstein y de Bertrand Russell. En sus *Notas autobiográ-*

ficas, Einstein recordó que, cuando tenía doce años, cayó en sus manos un librito sobre geometría euclidea:[10] «Había allí asertos, como la intersección de las tres alturas de un triángulo en un punto, por ejemplo, que —aunque en modo alguno evidentes— podían probarse con tanta seguridad que parecían estar a salvo de toda duda. Esta claridad, esta certeza, ejerció sobre mí una impresión indescriptible». Y enseguida añadía: «Si bien parecía que a través del pensamiento puro era posible lograr un conocimiento seguro sobre los objetos de la experiencia, el 'milagro' descansaba en un error. Mas, para quien lo vive por primera vez, no deja de ser bastante maravilloso que el hombre sea siquiera capaz de lograr, en el pensamiento puro, un grado de certidumbre y pureza como el que los griegos nos mostraron por primera vez en la geometría».[11]

---

[10] Albert Einstein, «Autobiographisches-Autobiographical Notes», pp. 3-94, en *Albert Einstein: Philosopher-Scientist*, «The Library of Living Philosophers», Paul Arthur Schilpp, ed. (La Salle, Illinois, Open Court, 1949); Albert Einstein, *Notas autobiográficas* (Madrid, Alianza Editorial, 1984), pp. 15-17.

[11] Lo de «Si bien parecía que a través del pensamiento puro era posible lograr un conocimiento seguro sobre los objetos de la experiencia, el 'milagro' descansaba en un error» es lo que Einstein

En cuanto a Bertrand Russell, en el primer tomo de su autobiografía recordaba: «A los once años empecé a estudiar geometría [Euclides], teniendo como preceptor a mi hermano. Fue uno de los grandes acontecimientos de mi vida, tan deslumbrante como el primer amor. Jamás había imaginado que pudiera haber algo tan delicioso en el mundo. Tras haber aprendido la quinta proposición, mi hermano me dijo que, generalmente, se la consideraba difícil, pero yo no había encontrado dificultad alguna. Fue aquélla la primera vez que vislumbré que podía tener cierta inteligencia».[12]

Por los años 1874-1875, Cajal supo de las obras fundamentales de Lamarck, Spencer y Darwin: «[...] pude saborear las sabrosas y elegantes, aunque frecuentemente inaceptables o exageradas hipótesis biogénicas de Haeckel, el brioso profesor de Jena. ¡Por cierto que la primera refutación del famoso libro del *Origen de las especies,* de Darwin, llegada a mis manos, fue escrita por

creía entonces, pero terminó pensando lo contrario en torno a 1920, cuando no encontró más guía heurística que la matemática para proseguir su búsqueda de una teoría del campo unificado.

[12] Bertrand Russell, *Autobiografía* [Barcelona, Edhasa, 2010; del primer tomo de *The Autobiography of Bertrand Russell (1872-1914)* publicado en 1967], p. 49.

Cánovas del Castillo. […] Tratábase de cierto discurso del Ateneo, tan elocuentemente escrito como flojamente documentado. Me lo proporcionó en Madrid uno de los fervientes admiradores del insigne estadista».

Como vemos, Cajal no fue ajeno a uno de los temas de aquel tiempo, de finales del siglo XIX: la validez o no de la teoría de la evolución de las especies propuesta por Darwin, un asunto frecuentado en la tertulia del Café Suizo madrileño, de la que fue partícipe don Santiago, como recordó en el capítulo X (p. 257) de su autobiografía:[13]

> Yo debo mucho a la sabrosa tertulia del Suizo. Aparte ratos inolvidables de esparcimiento y buen humor, en ella aprendí muchas cosas y me corregí de algunos defectos. Allí elevamos un poco el espíritu, exponiendo y discutiendo con calor las doctrinas de filósofos antiguos y modernos, desde Platón y Epicuro a Schopenhauer y Herbert Spencer; y rendimos

---

[13] Encabezaba aquella tertulia Alejandro San Martín Satrústegui, catedrático de Patología Quirúrgica en la Universidad de Madrid desde 1882 y miembro de la Real Academia Nacional de Medicina; también formaban parte de ella, entre otros, Odón de Buen, Blas Cabrera o Antonio Vela.

veneración y entusiasmo hacia el evolucionismo y sus pontífices, Darwin y Haeckel, y abominamos de la soberbia de Nietzsche.

Existen numerosos ejemplos de la confrontación entre darwinistas y antidarwinistas, que tuvo mucho de enfrentamiento entre conservadores y progresistas, con la religión como frecuente caballo de batalla.[14]

---

[14] Es fácil imaginar que Odón de Buen, un ferviente partidario de la izquierda republicana y, como he señalado, miembro de la «peña del Suizo», defendiera fervientemente a Darwin, pues había sufrido la intransigencia católica cuando fue catedrático de Historia Natural en la Universidad de Barcelona (1900-1911) y de Geología y Botánica en la de Madrid (1911-1934). En 1895 dos libros de De Buen, *Tratado elemental de Geología* (1890) y *Tratado elemental de Zoología* (1890), fueron incluidos en el *Índice de libros prohibidos*. Aunque no se explicitaban las razones concretas que habían llevado a su inclusión en el *Índice,* probablemente estaban relacionadas con manifestaciones como las que aparecían en los últimos compases del *Tratado elemental de Zoología:* «Que la organización del hombre está sometida a las mismas leyes biológicas que rigen todas las organizaciones animales, es un principio tan axiomático que sería ridícula la simple duda. […] No es preciso extenderse en consideraciones para probar que la forma humana es una de tantas de la organización animal; cae por completo dentro de la Zoología».

Uno de estos confrontamientos lo protagonizó la escritora Emilia Pardo Bazán. En un artículo que publicó en 1877 en la revista *La Ciencia Cristiana* escribía:[15]

> Muy interesante sería el estudio de las consecuencias morales, sociales y políticas de la hipótesis transformista —consecuencias bien distintas, por cierto, de lo que sus muchos entusiastas piensan—; mas esto no conviene con la índole de nuestro escrito, encaminado únicamente a presentar hechos verdaderos en frente de falsas teorías. Una teoría científica de la magnitud y carácter del darwinismo suele aparecer coloso ante la imaginación, gigante para el ánimo ofuscado, pero vienen los hechos y, cual menudas piedrezuelas, hiérenle el pie de arcilla y dan con él en tierra al primer embate.
>
> Convengamos en que el darwinismo será todo lo que se quiera, menos sencillo y accesible al entendimiento [...]. No parece exagerado decir que el trans-

Era Darwin en estado puro. Y por si quedaban dudas, añadía: «Los tiempos modernos comienzan en 1859, cuando Carlos Darwin publicó su memorable libro titulado *El origen de las especies,* que produjo una profunda revolución en la Biología».

[15] Reproducido en Diego Núñez, *El darwinismo en España,* Madrid, Castalia, 1977, pp. 133-134.

formismo presenta tanta complicación lo menos como aquel sistema astronómico que es fama, que con ingenua ironía satirizó nuestro Alfonso el Sabio.[16]

LA VIDA EN EL AÑO 6000

La segunda contribución de Cajal en el campo de la ciencia-ficción es un cuento titulado *La vida en el año 6000,* cuyo manuscrito se encuentra depositado en la Real Academia de Extremadura de las Letras y las Artes como parte del legado que Encarnación Ramón y Cajal Conejero (1919-2008), nieta de don Santiago, dejó a la Academia.[17] Doña Encarnación estuvo casa-

---

[16] Se refería aquí Pardo Bazán a la frase que se adjudica a Alfonso X el Sabio, según la cual, refiriéndose al sistema (geocéntrico) de Ptolomeo, dijo en cierta ocasión que «si yo hubiese estado al lado de Dios cuando creó el Universo, le hubiera aconsejado mejor en el orden de las esferas celestes».

[17] Está escrito en 24 cuartillas (de 23 cm) a doble cara, con anotación a mano de Cajal del número de hoja (signatura FC-1438). También se conserva el texto mecanografiado, con anotación de Cajal al final (15 hojas, de 32 cm; signatura FC-1284). Agradezco a Carmen Fernández-Daza que me proporcionara esta información.

da con García Durán Muñoz (1911-1994), uno de los promotores de la corporación extremeña de la que fue académico (medalla n.º 11).

Una de las pequeñas publicaciones que el matrimonio preparaba ocasionalmente por Navidad, la correspondiente a 1973 (Cáceres), *García Durán Muñoz y Nana Ramón y Cajal, os ofrecen la predicción de la vida en el año 6000, imaginada por Cajal*, la dedicaron a *La vida en el año 6000;* en ella se lee:

> En este 1973 que cerramos, se han verificado cambios tremendos. Se inicia la aventura del devenir de una nueva civilización y los futurólogos profetizan y escriben para el año 2000; por esto nos parece oportuno dar a conocer el esqueleto de un (¿cuento, ensayo o simple divagación?) que conservamos en nuestra biblioteca entre «Manuscritos de Cajal».
>
> Don Santiago, como sabe todo el que profundiza algo en el estudio de su persona, padecía algunos «sarampiones de juventud», como la pintura romántica, la fotografía que se hizo crónica y la literatura fantástica o divulgadora influenciada de Verne.
>
> El presente trabajo debió escribirse entre 1878 y 1884 [este fue el año que se trasladó a Valencia, como como catedrático de Anatomía General y Des-

criptiva de la Facultad de Medicina], ya que el fonógrafo fue dado a conocer en el 77 (y en cierto pasaje se hace alusión al mismo), y en el 83 se llevan a cabo las publicaciones «Las Maravillas de la Histología» en la revista «La Clínica» [número del 23 de julio de 1883 y siguientes] con el seudónimo de Doctor Bacteria, que arregladas durante su época valenciana ocupan junto a los cuentos de Vacaciones su «cupo literario» por entonces, con el que hoy, continuando nuestra costumbre, os felicitamos las Pascuas.

Explicaban también que dicho trabajo «no pasa de ser un borrador», y que «da letra, de difícil lectura, unido al desorden de las cuartillas que estaban por él mal numeradas y a una escritura de taquigrafía que siempre hizo, junto con lo incompleto de las mismas, imposibilita el ser completado, pero sí son suficientes para expresar la lección mental de este hombre de 30 años que al mismo tiempo que realizaba investigaciones, daba clase, descubría fórmulas para realizar la instantánea en fotografía, aprendió a grabar en madera, etc., tenía tiempo para imaginar lo que iba a ser la vida en el año 6000». Y a continuación se reproducía el cuento de Cajal, que también se puede encontrar en el segundo tomo de unos *Escritos inéditos* que el propio

Durán Muñoz publicó junto a Francisco Alonso.[18] Comienza como sigue:

> Acababa de leer la descripción pintoresca que el célebre Claudio Bernard hace de la resurrección de los rotíferos y de los tardígrados animales que muertos por desecación reviven en cuanto los humedece el agua de una gotera, lo que les permite diluir, estirar la vida de un modo portentoso, repartiéndola en varias entregas. Pensaba yo si acaso la ciencia humana no llegaría a conseguir con seres más superiores, esa vida latente que nos consentiría una suerte de inmortalidad, pues aunque la duración de la existencia sea limitada, si el hombre llegara a vivir un día en cada siglo, satisfaríase su ansia de saber y de progreso, y la vida se deslizaría sin aburrimiento alguno. El problema parecíame no del todo imposible. El microbio sucumbe por la desecación, muchos tejidos secos recobran sus propiedades físicas y estructurales cuando se retornan húmedos, y no me repugnaba pensar que acaso robando toda el agua de imbibición de un organismo pudiera, como la semilla, resucitar

[18] García Durán Muñoz y Francisco Alonso Burón, *Cajal. Escritos inéditos II,* Barcelona, Editorial Científico Médica, 2.ª ed., 1983, pp. 65-78.

en cuanto adquiriese condiciones abonadas. La idea de los hombres-semillas me enajenaba, pensaba que podrían así conservarse generaciones de fiambres, políticos al uso, médicos, abogados, etc., y que así como hoy van algunos a completar sus estudios al extranjero, podrían entonces ir al siglo que viene o más allá, que así podríamos reservar a esos hombres que son superiores a su siglo, de los que se dice que viven tres o cuatro siglos delante de los demás; francamente, todo esto producíame placer indecible.

Estas ideas brotaban todavía en mi espíritu cuando quedé dormido. Y pensé que me iba desecando lentamente, que mis miembros se arrugaban, mi piel se hacía cornácea, la sangre se densificaba sin coagularse y, en fin, que me convertía en cecina. Y que en ese estado de esporo, abandonado como momia en olvidado sepulcro, transcurrían los años y los siglos, y llegó al fin el año 6000. Y soñé que, removido el terreno por un terremoto, llegué a la superficie de la Tierra, que una lluvia benéfica hidrató mis miembros y que fui con el agua recuperando lentamente el movimiento y la vida.

Y a partir de entonces comenzó a comprobar cuánto había cambiado todo. Mencionaré, a modo de ejemplos, algunos de los cambios que encontró:

[H]oy es raro encontrar cerebros con la deformidad religiosa, filosófica, vitalista, etcétera. Alguna vez, por atavismo, se ven individuos que reproducen esto, ligados de tantas razas, generaciones inferiores embrionarias, y de ello nos servimos para comprender la historia del pensamiento humano, que si ha escalado las alturas del saber, ha tenido también grandes desfallecimientos y tonterías. [...]

[H]oy las enfermedades que quedan se diagnostican de un modo mecánico, gracias a la perfección a que han llegado los procedimientos exploratorios. [...] De suerte que el papel de los médicos no es más que el de tomar los datos o elementos diagnósticos, que de todo lo demás las tablas de logaritmos terapéuticos se encargan. [...]

[I]nvitóme [una dama la que conoció] a tomar café. Dispuesta la mesa (era una mesa especial), advertí que en lugar de platos destapaban un aparato cuyo uso no comprendí.

—Os sorprende, sin duda, el proceder que tenemos para tomar los alimentos, pero ya veréis cuán cómodo es. En vuestro tiempo tomabais con el café, no siempre bueno, una porción de materias inútiles, agua, grasas, chufas, pan tostado, lo que era tanto como malbaratar las fuerzas digestivas y esperabais vanamente los efectos del café. Ya no, afortunadamente. El café es cafeína químicamente pura, que inyectamos en cátodos especiales en la yugular externa; así llega fácilmente al cerebro, no empacho el estómago, ni se le obliga a tomar ni a digerir inútiles sustancias extrañas. […]

El profesor también ha sido suprimido; el Gobierno, en vista del papel mecánico que desempeñaban los profesores, que repetían invariablemente la misma lección todos los años, los ha sustituido por fonógrafos gigantes, en torno a los que se agrupan los jóvenes oyendo los resúmenes de la ciencia oficial.

No dejaba Cajal tampoco de referirse al «amor»:

—¿Pero de veras habéis extirpado el amor? ¡Es imposible!
—Hoy sabemos que el delirio amoroso es puro efecto de presiones en los líquidos seminales, que los besos son simples cambios de bacterias (las que viven en los labios y la boca), que el suspiro es aire inspirado, que la mirada amorosa es una contracción del oblicuo del ojo producido por un reflejo de origen ovariano, y, en fin, que sin óvulos ni zoospermos no hay amor; que la lágrima de súplica es agua con cloruro sódico, y, en fin, que la causa de todas estas cosas es un simple microbio.

47

Finalmente, se planteaba qué ocurría con la muerte:

—¿Por qué todavía se mueren ustedes? ¿De qué enfermedades se sucumbe?
—Amigo mío, mucho ha adelantado la ciencia, pero todavía falta mucho por conocer. Hemos suprimido todas las enfermedades infecciosas; hemos suprimido, mejorando las razas, todas las afecciones hereditarias. Hoy no existe más que el traumatismo y la vejez.

El mundo que imaginaba Cajal era, en definitiva, uno en el que la vida estaría totalmente automatizada y «limpia» de microbios infecciosos.

EL *DOCTOR BACTERIA*

La afición literaria de Cajal se manifestó también a través de una serie de artículos divulgativos sobre asuntos médicos, que publicó primero bajo el pseudónimo de «Dr. Bacteria» y luego con su propio nombre. Aparecieron en varias entregas en dos revistas. Firmando como «Dr. Bacteria», en *La Clínica. Semanario de Medicina, Cirujía y Farmacia* (7 artículos, 22 de julio-14 de octubre de 1883): «Las maravillas de la

Histología», que incluía «La teoría celular» y la «Irritabilidad». Y con su nombre, en *Las Ciencias Médicas. Revista Quincenal de Medicina. Cirujía y Farmacia*: «La máquina de la vida. Estudios populares de anatomía» (dos artículos, 1884; en realidad, continuación de los anteriores).

En sus *Recuerdos* (cap. II, p. 181) se refirió a ellos de la manera siguiente:

> No debo omitir ciertos artículos de popularización histológica que, bajo el título de *Las maravillas de la Histología*, aparecieron en *La Clínica,* semanario profesional de Zaragoza, dirigido por mi condiscípulo y amigo don Joaquín Gimeno Vizarra. Algunos de estos artículos, desbordantes de fantasía y de ingenuo lirismo, fueron reproducidos y ampliados después en la *Crónica de Ciencias Médicas de Valencia*. Firmábalos el doctor *Bacteria*, pseudónimo *terrible,* que yo usaba para mis temeridades filosófico-científicas y las críticas joco-serias. Dejando aparte el estilo, inspirado en la manera frondosa y bejucal del gran Castelar —¡estilo Castelar sin Castelar!—, alentaba en dichos trabajitos el buen propósito de llamar la atención de los médicos curiosos sobre el encanto inefable del mundo, casi ignoto, de células y micro-

bios, y de la importancia excepcional de su estudio objetivo y directo.

Al emborronar estas cuartillas tengo ante mí los precitados artículos. Perdone el lector mi vanidad senil si declaro que ahora, pasados treinta y nueve años, hallo algún solaz en leer estas fogosas expansiones científico-literarias. Dejando a un lado exageraciones de pensamiento e incorrecciones de forma, transciende de ellas algo como un aroma confortador de confianza juvenil y de fe robusta en el progreso social y científico. Hallo también atrayente cierto sentimiento de curiosidad frescamente satisfecha, y un fervor de pasión hacia el estudio de los arcanos de la vida, que en vano buscaríamos hoy en los escritos primerizos de la ponderada, ecuánime, circunspecta y financiera juventud intelectual.

CUENTOS DE VACACIONES

También con el pseudónimo de *Dr. Bacteria,* Cajal publicó en 1905 una colección de cuentos bajo el título de *Cuentos de vacaciones (Narraciones pseudo-científicas). Primera serie* (Madrid, Imprenta de Fortanet). En la «Advertencia preliminar» decía: «Hace algunos años (creo que fue durante el 85 u 86) escribí una colección de doce apólogos o narraciones semifilosóficas y pseudo-científicas que no osé llevar a la imprenta así por lo estrafalario de las ideas como por la flojedad y desaliño del estilo. Hoy, alentado por el benévolo juicio de algunos insignes profesionales de la literatura, me lanzó a publicarlos, no sin retocar algo su forma y modernizar un tanto los datos científicos en que se fundan».

Una pregunta que surge fácil e inmediatamente es la de por qué Cajal se animó a publicar unas narraciones que, justificadamente, calificaba de «flojas y desaliñadas». En mi opinión, la respuesta a esta cuestión se encuentra en su propia biografía. Recordaré en este sentido la importancia que tuvo su participación en el Congreso de la Sociedad Anatómica Alemana, celebrado en Berlín en octubre de 1889, en el que presentó las muestras histológicas que demostraban la estructura discontinua de las células —las, como se denominarían más tarde, *neuronas*— del sistema nervioso. Buen ejemplo de la repercusión que tuvieron esas demostraciones en la comunidad neurocientífica internacional son las manifestaciones del sueco Gustav Magnus Retzius (1842-1919), una figura importante en el dominio científico (realizó contribuciones notables a la embriología, fisiología y anatomía descriptiva del sistema nervioso), en la prestigiosa *Croonian Lecture* que pronunció en la Royal Society londinense en 1908:[19]

> Los primeros estudios de Cajal tuvieron un efecto electrizante en todos aquellos que trabajábamos en el mismo campo. Por mi parte, nunca olvidaré la profunda impresión que, en el Congreso Anatómico de Berlín de 1889, produjo en todos los que estaban especialmente interesados en el tema la exhibición de Cajal de una amplia serie de sus preparaciones. Albert Kölliker y yo quedamos encantados al ver las preparaciones que Cajal puso ante nosotros. Ambos, él y yo, quedamos convertidos y al regresar a nuestros laboratorios comenzamos a trabajar con el método de Golgi, que no gozaba en aquel momento de gran reputación entre otros anatomistas. Kölliker, al igual que von Lenhossék, que entonces trabajaba en el laboratorio de Kölliker como su ayudante, tuvo éxito al aplicar el método de Golgi y publicó varias excelentes nuevas investigaciones. Al mismo tiempo, yo, en Estocolmo, y van Gehuchten, en Lovaina, estábamos aplicando el mismo método,

---

[19] Gustav Retzius, «The principles of the minute structure of the nervous system as revealed by recent investigations», *Proceedings of the Royal Society* B *80*, 413-443 (1908); p. 420 y ss.

mientras que el propio Cajal continuaba con sus investigaciones, una tras otra, y Golgi y un par de sus pupilos seguían con sus investigaciones.

A partir del congreso de Berlín comenzó la carrera internacional de Cajal. En 1894 viajó a Londres para pronunciar la *Croonian Lecture.* Da idea del prestigio de esa conferencia el que Albert Kölliker, el histólogo más notable de su época, profesor de Anatomía Humana y director de los institutos anatómicos de la Universidad de Wurburgo, había sido elegido como conferenciante en 1862; el gran Hermann von Helmholtz en 1864; mientras que Rudolf Virchow, padre de la anatomía patológica, precedió a Cajal. Aprovechando ese viaje, la Universidad de Cambridge le otorgó el grado honorario de D. Sc. *(doctor scientiae)* (Dos años antes, en 1892, había obtenido una cátedra, de Histología e Histoquímica normales y Anatomía Patológica, en la Facultad de Medicina de Madrid.)

Desde entonces se intensificó la llegada de los reconocimientos extranjeros: también en 1894 recibió la placa de la Academia Médico-Farmacéutica de Roma; en 1895 fue nombrado miembro correspondiente de sociedades profesionales y academias de Wurburgo,

París, Roma, Lisboa y Berlín, siendo admitido, asimismo, en la Academia de Ciencias de Madrid (su discurso de entrada daría origen a su clásico *Reglas y consejos sobre la investigación biológica*); en 1896, premio Fauvelle de la Sociedad de Biología de París y miembro de la Sociedad de Psiquiatría y Neurología de Viena, doctor *honoris causa* por la Universidad de Wurburgo; en 1897, entró en la Real Academia de Medicina, aunque tardó diez años en leer su discurso de entrada (lo hizo el 30 de junio de 1907 y se tituló *Mecanismo de la regeneración de los nervios*); en 1905 fue elegido miembro de la Real Academia Española, apartado sobre el que volveré más adelante, como también lo haré sobre su discurso en la Real Academia de Ciencias.[20] Y así hasta llegar a tres premios verdaderamente sobresalientes: el Premio Moscú otorgado por el Congreso Internacional de Medicina (1900), la medalla Helmholtz de la Aca-

---

[20] Cajal fue elegido miembro («por unanimidad») de la Real Academia Nacional de Medicina en la sesión celebrada el 13 de noviembre de 1897; habían presentado su candidatura (el 21 de mayo) Manuel Iglesias y Díaz, Baldomero González Álvarez, Santiago de la Villa Martín, Alejandro San Martín Satrústegi, Juan Magaz Jaime y Marcial Taboada y de la Riva. Federico Olóriz fue el encargado de contestar a su discurso.

demia Imperial de Berlín (1905) y el Premio Nobel de Medicina o Fisiología (1906).

Es obligado, asimismo, recordar que en 1907 fue elegido presidente de una institución pública creada aquel mismo año, y que sería fundamental para el progreso de la ciencia, las humanidades y la educación en España: la Junta para Ampliación de Estudios e Investigaciones Científicas.

La Junta fue creada por Real Decreto el 11 de enero de 1907 (publicado en la *Gaceta de Madrid* el 18 de enero), como un organismo autónomo dependiente del Ministerio de Instrucción Pública, y el acto de constitución de su nueva organización tuvo lugar el 15 de ese mismo mes, tres días antes de que el decreto apareciese en la *Gaceta*. Como vocales, el ministro Amalio Gimeno nombró a Santiago Ramón y Cajal, José Echegaray, Marcelino Menéndez y Pelayo, Joaquín Sorolla, Joaquín Costa (que renunciaría casi inmediatamente por razones de enfermedad, siendo sustituido por Amalio Gimeno, que acababa de salir del Ministerio), Vicente Santamaría de Paredes, Alejandro San Martín, Julián Calleja, Eduardo Vincenti, Gumersindo de Azcárate, Luis Simarro, Ignacio Bolívar, Ramón Menéndez Pidal, José Casares Gil, Adolfo Álvarez Buylla, José Rodríguez Carracido,

Julián Ribera Tarragó, Leonardo Torres Quevedo, José Marvá, José Fernández Jiménez y Victoriano Fernández Ascarza. Y como secretario, José Castillejo y Duarte, que no aparecía nominalmente en el decreto, pero que era «el Profesor a quien hoy está encomendado en el Ministerio de Instrucción Pública y Bellas Artes el servicio de información técnica y de relaciones con el extranjero». En aquella primera sesión, Julián Calleja manifestó que «siendo lo primero el nombramiento de Presidente había para ese cargo dos nombres que estaban en la conciencia de todos: los señores Echegaray y Cajal, pero habiendo el primero anticipado que no aceptaría, proponía al Sr. Cajal como Presidente de la Junta». Cajal intentó excusarse, alegando que «carecía de categoría política y no conocía bien la Administración», pero ante la insistencia de otros vocales quedó elegido por unanimidad. Mantendría el puesto hasta su muerte, cuando fue sustituido por el entomólogo y director del Museo de Ciencias Naturales, Ignacio Bolívar.

Cuando se consulta el archivo de aquella junta (depositado en la Residencia de Estudiantes de Madrid), se comprueba que Cajal no fue un presidente distante de las actividades de la institución, sino que participó intensamente en ellas. Y esa participación, en una organización en la que concurrían no solo científicos de la naturaleza, sino también de las humanidades y ciencias sociales, amplió su «círculo» de conocidos; en la Residencia, por ejemplo, podía encontrarse con personajes como Unamuno y Ortega y Gasset.

No es sorprendente que, ante semejante cúmulo de reconocimientos, aumentara significativamente la confianza de Cajal en sí mismo, hasta el punto de animarse a publicar esos *Cuentos de vacaciones,* que también mencionó en sus *Recuerdos* (cap. XXV, p. 391):

> Para ser completo, debería todavía mencionar aquí cierto librito, de sabor literario, aparecido en 1905 con el título de *Cuentos de vacaciones,* y firmado con el pseudónimo *Dr. Bacteria.* Trátase de cinco narraciones, a modo de *causeries* pseudo-filosóficas, donde con poca novedad y desmañado estilo se plantean y resuelven algunos problemas de ética social. Conocedor de los defectos de la citada obrita, no osé ponerla a la venta. Me limité a regalar algunos ejemplares a los amigos de cuya bondadosa indulgencia estaba bien seguro. Si dispongo alguna vez del vagar indispensable, quizás reimprima y ofrezca al público el citado libro, previamente expurgado de empalagosos lirismos y de no pocas máculas de pensamiento y estilo.

Efectivamente, aquella primera edición de *Cuentos de vacaciones* no llegó a distribuirse formalmente. Al circular únicamente algunos ejemplares entre familiares y amigos, su impacto fue mínimo.

Las cinco narraciones en cuestión se titulan: «A secreto agravio, secreta venganza», «El fabricante de honradez», «La casa maldita», «El pesimista corregido» y «El hombre natural, y el hombre artificial».[21] En la mencionada «Advertencia preliminar», Cajal explicaba la razón de ser de esos cuentos: «Las lucubraciones más o menos extravagantes que en él campean representan desahogos o compensaciones dinámicas de un espíritu fatigado por veinticinco años de disciplina y labor científica; pandiculaciones y cabriolas de una imaginación inquieta que tasca impaciente el freno de la noria acompasada del magisterio».

---

[21] A modo de ejemplo, en «A secreto agravio, secreta venganza», un célebre bacteriólogo, que se casó a los cincuenta años con una joven discípula, «lozana, rubia y apetecible y, por añadidura doctora en Filosofía y Medicina por la Universidad de Berlín», infecta de tuberculosis y mata a uno de sus colaboradores, al descubrir que era el amante de su esposa; y en «El fabricante de honradez», un inteligente hombre, educado en Alemania y Francia, se instala en un levantisco pueblo, Villabronca, aplicando un «suero[?] antipasional».

A mí, las diferentes historias me parecen excusas, con cierta imaginación, eso sí, de las ideas de Cajal, de su «visión del mundo», al menos entonces. Veamos algunos ejemplos.

En «A secreto agravio, secreta venganza»:[22]

> Aunque tenga que sufrir algo de tu amor propio de mujer divina y adorable, permíteme expresarte que los hombres enfrascados en la investigación no aman más que a la ciencia. Entre una belleza y un microbio, optan por éste. Para ellos, la mujer representa, cuando más, un fugitivo y perturbador episodio de la edad juvenil.

De «El fabricante de honradez», tomo lo siguiente:

> Todo hace creer que el dolor, la pobreza y la injusticia son leyes inexorables de la vida, íntimos resortes de la ascensión progresiva del espíritu a las cimas del ideal. Y de presumir es que la lucha de clases continúe siglos y siglos, aun cuando los pueblos, ilumina-

---

[22] Tomo esta y las siguientes citas de la sexta edición de los *Cuentos de vacaciones* en la colección Austral de Espasa Calpe (1991), pp. 39, 97-98, 131, 171-172 y 228-229.

dos por la caridad y la ciencia, lleguen a regular, sabia y prudentemente, la *producción* y la *natalidad*, dos trascendentalísimas funciones sociales hasta hoy abandonadas al azar y responsables, según es notorio, de la mitad, por lo menos, de las miserias, delitos y crímenes.

En «La casa maldita» encontramos un pasaje que bien podría representar lo que él pensaba de sí mismo como literato:

Ciertamente, en los libros místicos, en esos admirables tratados de fray Luis de Granada, de santa Teresa y san Juan de la Cruz hallaríamos un gama del lenguaje sentimental, si no completo y fiel, lo bastante rico para traducir los sublimes y sobrehumanos arrobos de la carne exaltada por el amor; mas, ¡ah!, por desgracia, ese idioma de fuego, único digno de la pasión de nuestros héroes, excede del poder de nuestra inexperta y desmayada pluma. Y así, pues somos médicos, aunque modestos, séanos permitido usar aquí (por ser el único que conocemos) el desvaído e incoloro estilo de las descripciones fisiológicas.

De «El pesimista corregido» he escogido unas frases que tal vez reflejen el desánimo que en algunos momentos asaltarían a don Santiago:

¿Para qué escribir?... Por ventura, ¿puedo modificar el curso del mundo, detener la marea del protoplasma imbécil, ciegamente precipitado en el abismo del dolor y de la muerte?... ¿La gloria?... ¿Acaso es más que un olvido aplazado? La humanidad, surgida de la muerte, en la muerte ha de parar. Nos lo prueban con sus férreas fórmulas la mecánica del cosmos, y las ineluctables leyes de la entropía. Mis estériles lamentos ¿retardarán una milésima de segundo siquiera el amanecer de ese astro insensible y rutinario que se prepara a alumbrar (cediendo la energía de su calor) las mismas de barbarie y desolación en las cuales el individuo es implacablemente sacrificado a la especie y ésta a la corriente total de la vida? ¿Apiadaré quizá al inexorable destino, a la incompresible Providencia, que, sin distinguir el genio del microbio, se complace en destruir la vida con la vida, como si no bastaran ya para el infortunio humano, las abrumadoras fatigas del trabajo, el punzante sentimiento de nuestra impotencia y la tiranía incontratable de las fuerzas cósmicas.

SANTIAGO
RAMON Y CAJAL

EL PESIMISTA
CORREGIDO

De su visión poco simpática a las enseñanzas que se impartían en los colegios religiosos de aquella España, y de lo que había impedido el progreso, el equipararse a las naciones más avanzadas, dan fe los siguientes pasajes de «El hombre natural, y el hombre artificial», en los que el protagonista recordaba cuando a los once años ingresó en un colegio de jesuitas:

Allí aprendí latín y griego, lenguas de los muertos, y menosprecié el francés y el alemán, idiomas de los vivos y vehículos de la moderna cultura. En aquellas aulas, impregnadas de misticismo y de olor a rapé, adquirí un desdén aristocrático hacia las ciencias profanas, es decir, las matemáticas, físicas, naturales y biológicas, venero de riqueza y bienestar de los pueblos, y una pasión exclusiva y fanática por la retórica, las humanidades y singularmente por la teología, que Donoso Cortés [(1809-1853) filósofo, historiador, político, parlamentario y diplomático de profundas creencias religiosas, muy influyente] proclama la «primera y más noble de las ciencias, la universal por excelencia, la que contiene y abarca todas las disciplinas divinas y humanas».

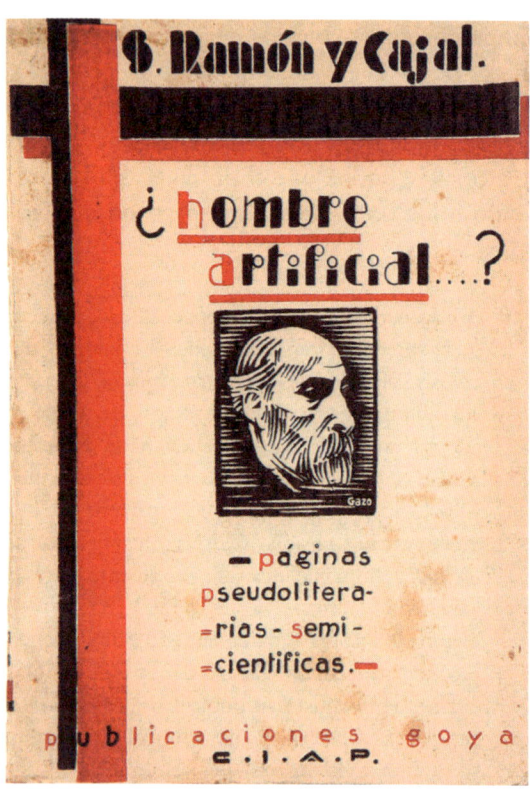

S. Ramón y Cajal.

¿ hombre artificial....?

— páginas
pseudolitera-
=rias - semi-
=científicas.—

publicaciones goya
C.I.A.P.

Ya bajo su nombre, Espasa-Calpe publicó *Cuentos de Vacaciones. Narraciones seudocientíficas* en la colección Austral en 1941.[23]

CAJAL Y ECHEGARAY

Puesto que ha aparecido el nombre de José Echegaray, es oportuno señalar que Cajal fue un gran admirador suyo, lo que no es de extrañar, pues don José reunía muchas de las cualidades que apreciaba don Santiago: literato, científico y político siempre preocupado por el devenir de España. Citaré en este sentido algunas frases que Echegaray pronunció al recibir en 1922 la medalla Echegaray creada por la Real Academia de Ciencias en 1907, y que se adjudicaba cada tres años a «cualquier persona de nuestra nación o extranjera, que se hubiese

---

[23] Bajo el título de *¿Hombre artificial? Páginas pseudoliterarias y semicientíficas*, en 1931, Publicaciones Goya de Zaragoza había publicado parte —«La casa maldita», «A secreto agravio, secreta venganza» y «Hombre natural, y hombre artificial»—, junto a otros escritos suyos. En 2001, University of Illinois Press (Chicago y Urbana) publicó una traducción al inglés: *Vacation Stories: Five Science Fiction Tales*.

distinguido, en grado eminente, a juicio de la Academia, en alguno o algunos de los trabajos científicos que son objeto de las tareas de esta Corporación». Antes de Cajal, recibieron el galardón: el propio Echegaray en 1907, Eduardo Saavedra (1901), el príncipe Alberto de Mónaco (1913), Leonardo Torres Quevedo (1916) y Svante Arrhenius (1919).

Repitiendo un pensamiento vulgar [manifestó Cajal], diríase que las hadas prodigaron nuestro inolvidable D. José [Echegaray] todas las gracias: elocuencia subyugadora; intelecto agudísimo y generalizador; ansia irrefrenable de aprender y de enseñar; don de expresar por escrito y en lenguaje esmaltado de pensamientos brillantes y de comparaciones felicísimas, las más abstrusas teorías e invenciones; soberana aptitud para la ciencia del cálculo; bondad sólo equiparable con su modestia, y, en fin, por tenerlo todo, salud robusta, física y mental, conservada en bien de la enseñanza, hasta la hora de su muerte. [...] Yo, que aprendí a admirarle desde muy joven, con ocasión de sus brillantes discursos políticos en las Cortes Constituyentes, troqué mi admiración en fanatismo, allá por el año 1883, cuando, siendo a la sazón profesor de Valencia, devoré su maravilloso libro titulado *Teorías modernas de la física,* muy superior a las celebradas obras de vulgarización de Tyndall, en Inglaterra, y de J. H. Fabre, en Francia. Y siempre seguí su carrera de triunfos profesionales, políticos, literarios y científicos, con noble envidia y creciente asombro. Era incuestionablemente el cerebro más fino y exquisitamente organizado de la España del siglo XIX. Él lo fue todo, porque podía serlo todo: ministro, orador, hacendista, maestro, escritor, dramaturgo, investigador, etc.[24]

Cuadros de Cajal y de Echegaray en el Ateneo de Madrid (*Galería de retratos,* Ateneo, 2018).

---

[24] *Discursos leídos en la solemne sesión celebrada bajo la presidencia de S. M. el Rey D. Alfonso XIII para hacer entrega de la Medalla Echegaray al Excmo. Señor D. Santiago Ramón y Cajal el día 7 de mayo de 1922* (Real Academia de Ciencias Exactas, Físicas y Naturales, Madrid, 1922), pp. XXIX-XXXV.

CAJAL Y LA GENERACIÓN DEL 98

Para comprender mejor tanto una parte importante de su obra «literaria» como el talante y contenidos de algunas de las relaciones que mantuvo con personajes destacados de la literatura y la intelectualidad de su tiempo, es preciso detenerse en cómo le influyeron, y como reaccionó ante ellos, los acontecimientos políticos que afectaron a España a finales del siglo XIX.

El «acontecimiento» por antonomasia que afectó a Cajal fue la pérdida en 1898 de la guerra de Cuba con Estados Unidos y con ella de los últimos vestigios del antiguo imperio americano colonial español. Leyendo sus memorias encontramos los siguientes párrafos:[25]

> Mi obra científica durante el año de 1898 fue bastante parca y pobre en hechos nuevos. Compréndese fácilmente: fue el año de funesta y vesánica guerra con los Estados Unidos. [...] A ella dieron ocasión, sin duda defectos hereditarios del carácter nacional... pero más que nada nos arrastró a la catástrofe la vergonzosa ignorancia en que vivían nuestros partidos de turno de la magnitud y eficiencia reales de

[25] S. Ramón y Cajal, *Recuerdos de mi vida, op. cit.,* pp. 293-294.

las propias y de las ajenas fuerzas. Porque, aunque parezca absurdo, por entonces, diputados, periodistas, militares, etc., creían de buena fe que nuestros instrumentos bélicos en Cuba y Filipinas —buques de madera y ejército de enfermos— podían medirse ventajosamente con los formidables de que disponía el enemigo...

El recuerdo del desastre colonial hállase vinculado en mi memoria, por asociación cronológica, con la redacción de un trabajo de tendencias filosóficas acerca de la organización fundamental de las *vías ópticas* y la probable *significación de los entrecruzamientos nerviosos,* una de las disposiciones anatómicas más singulares y enigmáticas de los vertebrados.

Estábamos a la sazón veraneando en compañía del inolvidable Olóriz, en el pintoresco pueblo de Miraflores de la Sierra. [...] A menudo, fatigados de paliquear o de leer, nos entregábamos al juego del ajedrez, al que don Federico era muy aficionado... Al atardecer, ahítos de lecturas o vibrantes con las peripecias del juego, solíamos descongestionar el cerebro paseando por la carretera... Durante tan saludables correrías, placíame comunicar a mi compañero el fruto de mis meditaciones. Y alentado y autorizado con la aprobación del amigo, estaba a punto de terminar la redacción de mi trabajo, cuando en nuestro apacible retiro cayó como una bomba la nueva horrenda y angustiosa de la destrucción de la escuadra de Cervera y de la inminente rendición de Santiago de Cuba.

La trágica noticia interrumpió bruscamente mi labor, despertándome a la amarga realidad. Caí en profundo desaliento. ¿Cómo filosofar cuando la patria está en trance de morir? [...] Y mi flamante teoría de los entrecruzamientos ópticos quedó aplazada *sine die*.

Aquel desfallecimiento de la voluntad —que fue general entre las clases cultas de la nación— sacóme del laboratorio, llevándome meses después, cuando la conciencia nacional sacudió su estupor, a la palestra política. La prensa solicitaba apremiantemente la opinión de todos, grandes y chicos, acerca de las causas productoras de la dolorosa caída, con la panacea de nuestros males. Y yo, al igual que muchos, jóvenes entonces, escuché la voz de la sirena periodística. Y contribuí modestamente a la vibrante y fogosa literatura de la regeneración, cuyos elocuentes apóstoles fueron, según es notorio, el gran Costa, Macías Picavea, Paraíso y Alba. Más adelante sumáronse a la falange de los veteranos algunos literatos brillantes: Maeztu, Baroja, Bueno, Valle-Inclán, Azorín, etc.

Y añadía más adelante: «Los regeneradores del 98 sólo fuimos leídos por nosotros mismos: al modo de los sermones, las austeras predicaciones políticas edifican tan sólo a los convencidos. ¡La masa permanece inerte!».

Tal y como señalaba en sus memorias, Cajal salió, en efecto, a la palestra pública a través de los periódicos. Uno de los artículos que escribió inmediatamente después de la derrota apareció en *El Liberal* del 26 de octubre de 1898, en concreto en la sección que se titulaba «La media ciencia causa de ruina»:[26]

> Transformar la enseñanza científica, literaria e industrial, no aumentando, como ahora está de moda el número de asignaturas [esto data, insisto, de 1898, pero cuando se contemplan algunos de los actuales nuevos planes de estudio, se podría pensar que acaban de ser escritas], sino enseñando de verdad y prácticamente lo que tenemos. Bajo este aspecto habría que decir de nosotros cosas atroces. La media ciencia es, sin disputa, una de las causas más poderosas de nuestra ruina. A la hora de mane-

[26] Durán Muñoz y Sánchez Duarte, *La psicología de los artistas, op. cit.,* pp. 119-120.

jar los cañones no les han faltado a nuestros artilleros conocimientos matemáticos, sino la práctica de dar en el blanco. Digo lo mismo de los médicos, físicos, químicos y naturalistas; todos son doctísimos pero pocos saben aplicar su ciencia a las necesidades de la vida y rarísimos los que dominan los métodos de investigación hasta el punto de hacer descubrimientos.

Hay que crear ciencia original, en todos los órdenes del pensamiento: filosofía, matemáticas, química, biología, sociología, etcétera. Tras la ciencia original vendrá la aplicación industrial de los principios científicos, pues siempre brota al lado del hecho nuevo la explotación del mismo, es decir, la aplicación al aumento y a la comodidad de la vida. Al fin, el fruto de la ciencia aplicada a todos los órdenes de la actividad humana es la riqueza, el bienestar, el aumento de la población y la fuerza militar y política.

Y concluía: «Hemos caído ante los Estados Unidos por ignorantes y por débiles, que, hasta negábamos su ciencia y su fuerza. Es preciso, pues, regenerarse por el trabajo y el estudio».

«Regenerarse por el trabajo y el estudio», he aquí la máxima cajaliana.

El punto que quiero señalar es el de que, en estos artículos, así como en muchos otros escritos «no científicos», se observa en Santiago Ramón y Cajal uno de los principales rasgos que se asocian a la denominada *generación del 98,* el de que se vieron profundamente afectados por la crisis moral, política y social que desencadenó la derrota militar en 1898. En este sentido, Cajal pudo hablar de igual a igual con Pío Baroja o Azorín, dos de los tres primeros — el tercero fue Ramiro de Maeztu— miembros de esa generación. Y compartir ideas y sentimientos con, por ejemplo, Unamuno y Ortega y Gasset. Como se verá más adelante, todos ellos se relacionaron con Cajal. El prestigio científico, y subsiguientemente social, de don Santiago facilitó tales relaciones, pero es que, además, compartían deseos y preocupaciones por su patria.

REGLAS Y CONSEJOS SOBRE INVESTIGACIÓN CIENTÍFICA

Un paso más en la consolidación del prestigio científico y social de Cajal se produjo el 5 de diciembre de 1897, cuando leyó el discurso de entrada en la Real Academia de Ciencias Exactas, Físicas y Naturales, que tituló *Fundamentos racionales y condiciones técnicas de la investigación biológica,* cuyo contenido se ajusta perfectamente a las preocupaciones de Cajal señaladas en la sección precedente; de hecho, muestra que Cajal ya estaba ante «la derrota».

En principio, sorprende la elección de Cajal a una Real Academia que no tenía a la medicina entre sus intereses. La razón de su elección la explicó Cajal en su autobiografía (cap. XIV, pp. 291-292), refiriéndose a «dos sucesos fecundos en consecuencias para el estímulo y prosecución» de su obra científica (el primero fue la creación, «a costa de no pocos sacrificios pecuniarios» de su *Revista trimestral micrográfica*):

> Un segundo acontecimiento, muy lisonjero para mí, fue mi elección espontánea de miembro de la Real Academia de Ciencias, de Madrid. Esta designación tiene su anécdota, que referiré, porque honra mucho al patriotismo e independencia de la sabia Corporación.
>
> Uno de los más conspicuos académicos, a la sazón recién llegado de Berlín, contó a sus compañeros que el gran [Rudolf] Virchow, entonces en todo su esplendor de su gloria, habíale sorprendido con una pregunta a que no pudo responder: «¿En qué

se ocupa ahora Cajal? ¿Continúa sus interesantes trabajos?»

Confuso y algo avergonzado nuestro prócer académico de que en Berlín inspirara interés la labor de un español de quien él no sabía palabra, procuró, de regreso a la Península, satisfacer su curiosidad. Y de sus conversaciones con el sabio astrónomo D. Miguel Merino, el inolvidable secretario perpetuo, surgió el acuerdo de iniciar y defender mi candidatura para cierta vacante, a la sazón en litigio. Tengo, pues, el singular privilegio de ser académico *a propuesta* de R. Virchow y de D. Miguel Merino.

Sobre el discurso que pronunció, y al que contestó Julián Calleja, decano de la Facultad de Medicina, escribía:

La redacción del discurso de ingreso, ocurrida en 1897, dióme ocasión de exponer, *ex abundantia cordis*, algunas reglas y consejos destinados a despertar en nuestra distraída juventud docente el gusto y la pasión hacia la investigación científica. Puse especial empeño en hacer amables y atractivas las tareas del laboratorio, y para lograrlo empleé un lenguaje llano, sincero y rebosante de entusiasmo comunicativo y de ferviente patriotismo. Y el éxito superó a mis esperanzas. Tan lisonjera acogida halló mi fogosa arenga en el público universitario y en la prensa, que, agotada rápidamente la tirada oficial del discurso, mi excelente amigo el Dr. Lluria, supliendo mi dejadez, estimó necesario reeditarla por su cuenta, destinando generosamente la nueva y copiosísima tirada a ser gratuitamente distribuida entre los estudiantes y diversos centros de enseñanza.

En varios sentidos el texto de Cajal se enmarca en la tradición de obras anteriores fundamentales, en las que se abordaban cuestiones relativas al método de la ciencia. Vienen inmediatamente a la mente dos libros: el *Novum organum scientiarum* (*Nuevos instrumentos de la ciencia,* 1620), del político y filósofo inglés Francis Bacon, y el *Discours de la Méthode pour bien conduire la raison, chercher la verité dans les sciences* (*Discurso del método, para conducir bien la razón, y buscar la verdad en las ciencias,* 1637), de René Descartes. A ambos se refirió Cajal señalando que él quería ir más lejos:[27]

---

[27] Santiago Ramón y Cajal, *Fundamentos racionales y condiciones técnicas de la investigación biológica,* Madrid, Real Academia de Ciencias Exactas, Físicas y Naturales, 1897, pp. 14-17.

Al tratar de métodos generales de investigación, no es lícito olvidar esas panaceas de la investigación científica que se llaman *Novum organum* de Bacon y el *Libro del método* de Descartes, tan recomendado por Claudio Bernard. Libros son éstos por todo extremo excelentes para hacer pensar, pero de ningún modo tan eficaces para enseñar a descubrir. Después de confesar que la lectura de tales obras puede sugerir más de un pensamiento fecundo, debo declarar que me hallo muy próximo a pensar de ellas lo que De Maistre opinaba del *Novum organum:* «que lo habían leído los que más descubrimientos han hecho en las ciencias, y que el mismo Bacon no dedujo de sus reglas invención ninguna».

Tengo para mí que el poco provecho obtenido de la lectura de tales obras, y en general de todos los trabajos concernientes a los métodos filosóficos de indagación, depende de la vaguedad y generalidad de las reglas que contienen: las cuales, cuando no son fórmulas vacías, vienen a ser la expresión formal del mecanismo del entendimiento en función de investigar. [...] Los tratadistas de métodos lógicos me causan la misma impresión que me produciría un orador que pretendiera acrecentar su elocuencia mediante el estudio del mecanismo de la voz y la enervación de la laringe. [...]

Importa consignar que los descubrimientos más brillantes se han debido, no al conocimiento de la lógica escrita, sino a esa lógica viva que el hombre posee en su espíritu, y con la cual labora ideas con la misma perfecta inconsciencia con que Jourdain hacía prosa. Harto más eficaz es la lectura de las obras de los grandes iniciadores científicos, tales como Galileo, Kepler, Newton, Lavoisier, Geoffroy Saint Hylaire, Cl. Bernard, Pasteur, Virchow, etcétera; y, sin embargo, es fuerza reconocer que, si carecemos de una chispa siquiera de la espléndida luz que brilló en tales inteligencias, y de un arranque al menos de las nobles pasiones que alentaron a caracteres tan elevados, la erudición nos convertirá en comentadores entusiastas, quizás en útiles popularizadores científicos, pero no creará en nosotros el espíritu de investigación. [...]

¿Es esto decir que debe renunciar a toda tentativa de dogmatizar en materia de investigación? ¿Es que vamos a dejar al principiante entregado a sus propias fuerzas y marchando sin guía ni consejo por una senda llena de dificultades y peligros?

De ninguna manera. Entendemos, por lo contrario, que, si abandonamos la vaga región de los principios filosóficos y de los métodos generales, y penetramos en el dominio de las ciencias particulares, será fácil hallar algunas reglas positivamente útiles al novel investigador.

Algunos consejos relativos a lo que debe saber, a la educación técnica que necesita recibir, a las pasiones elevadas que deben alentarle, a los apocamientos y preocupaciones que es forzoso que combata, entendemos que podrán serle de bastante más provecho que todas las reglas y prevenciones de la lógica teórica.

Eso era lo que pretendía Cajal, pero dando preferencia a una perspectiva eminentemente patriota, que sirviese de instrumento para la regeneración de España. Veamos, en ese sentido, algún ejemplo de lo que decía, casi al final de su exposición:[28]

Y tú, juventud estudiosa, esperanza de nuestra renovación, que te consagras al trabajo en estos luctuosos días de nuestra decadencia no te desanimes. Contempla en nuestra caída la obra de la ignorancia o de la media ciencia, el fruto de una educación aca-

---

[28] He utilizado la siguiente edición: Santiago Ramón y Cajal, *Reglas y consejos sobre investigación científica. Los tónicos de la voluntad,* Madrid, Consejo Superior de Investigaciones Cientficas, 2019, pp. 209-211.

démica y social funestísimas, que ha consistido siempre en volver la espalda a la realidad, sumergiendo el espíritu nacional, a la manera del morfinómano, en un mundo imaginario lleno de fingidos deleites y de peligrosas ilusiones. […]

¡Que cada libro extranjero en que no veas citados nombres de españoles sea un aguijón que penetre en tu alma y excite tu ansia de saber y de originalidad!

Sé como Temístocles, a quien no dejaba dormir la gloria de Milcíades. Considera todo descubrimiento importante traído de fuera como una recriminación a tu negligencia y a tu poquedad de ánimo. […]

Marcha, pues, sin detenerte a la conquista de la honra de la patria. Los hombres de hoy sólo podemos mostrarte el camino. Tú debes recoger el fruto de esta enseñanza y preparar una España del porvenir que nos vengue de la España del presente.

Su discurso se convertiría en un clásico de la ciencia. Ampliado y reeditado numerosísimas veces a lo largo de los años, tomó diferentes títulos: *Reglas y consejos sobre investigación biológica* (1899, 1913), *Reglas y consejos sobre investigación biológica. Los tónicos de la voluntad* (1916), *Reglas y consejos sobre investigación científica. Los tónicos de la voluntad* (1920, 1923), y muchas otras ediciones a partir de entonces.[29] Ha sido, además, traducido a varias lenguas, al menos al húngaro (*Tudományos Kutatasraa Vezérlö Kalausz,* 1927), alemán (*Regeln und Ratschläge zur wissenschaftlichen Forschung,* 1933, 1938, 1939, 1957 y 1964), portugués (*Regras e conselhos sobre a investigação científica,* 1942 y 1979), inglés (*Precepts and Counsels on Scientific Investigation: Stimulants of the Spirit,* 1951, 1999 y dos parciales en 1981), japonés (1958, 1981) y rumano (*Drumul spre stiinta,* 1967).[30]

Pese a semejante éxito, Cajal no siempre estuvo satisfecho con la recepción que tuvo su discurso y posterior ensayo. En una carta que envió al periodis-

---

[29] Esta obra de Cajal ha sido sometida a un análisis exhaustivo por Julio Salvador Salvador: «Santiago Ramón y Cajal: sinapsis entre ciencia y literatura. Reglas, consejos y cuentos», tesis doctoral, Facultad de Filología, Universidad Complutense de Madrid (2023). Para detalles de algunas —hasta 2000— de las ediciones, al igual que las traducciones a otros idiomas, véase también López Piñero, Terrada Ferrandis y Rodríguez Quiroga, *Bibliografía Cajaliana, op. cit.*

[30] El «modelo» del discurso de Cajal se puede descubrir en obras más recientes, como son las del matemático y divulgador Ian Stewart, *Letters to a Young Mathematician* (2006), y del entomólogo y naturalista Edward O. Wilson, *Letters to a Young Scientist* (2014).

ta, ensayista y biógrafo Luis Astrana Marín (no está datada, pero debe de ser de 1933), confesaba en este sentido:[31]

Mi ilustre amigo:

Le envío a usted como modesta ofrenda por la benevolencia de sus juicios, la última edición de mis *Reglas y consejos* (sexta edición) y algunos libritos más.

El citado libro sobre las investigaciones, etc., donde se plantea desde el punto de vista científico, el problema de España, ha tenido poca suerte. Ninguno de los autores que se ocupan del tan debatido atraso cultural de nuestra patria, sin excluir a Ortega y Gasset, Sainz Rodríguez, Rey Pastor y Labra, que han tratado aunque en tono mayor y firma atildada el mismo asunto, me nombran siquiera. ¿Cómo, pues, me van a citar los portugueses? Por eso agradezco a usted sobremanera el cariñoso recuerdo.

---

[31] Reproducida en Fernández Santarén, *Santiago Ramón y Cajal, Epistolario, op. cit.*, p. 820, conservada en el Legado Cajal-CSIC. En Durán Muñoz y Francisco Alonso Burón, *Cajal. Escritos inéditos II*, *op. cit.*, p. 228, esta carta se adjudica, erróneamente, a José Ortega Munilla.

Una vida entre microscopios.

AZORÍN Y BAROJA SOBRE *REGLAS Y CONSEJOS*

De la recepción de *Reglas y consejos* quiero destacar dos opiniones, de contenidos muy diferentes, debidas a José Martínez Ruiz, esto es, a Azorín, y a Pío Baroja, ambos, como bien se sabe, ilustres literatos y, como ya señalé, miembros de la generación del 98.

El comentario de Azorín, titulado «Un libro de Ramón y Cajal», aparece en uno de sus libros, *Los valores literarios;* y se refiere a la tercera edición, notablemente aumentada y corregida, del discurso de entrada de Cajal en la Real Academia de Ciencias. Se lee en el libro:[32]

> El doctor Ramón y Cajal ha publicado la tercera edición de su libro *Reglas y consejos sobre investigación biológica;* aparece esta reimpresión considerablemente aumentada. Hay libros que tienen un clamoroso, pero fugacísimo éxito. Hay otros cuyo éxito parece como clandestino, como *subterráneo;* ni la prensa ni el gran público hablan apasionadamente de ellos; mas poco a poco se van vendiendo; un círculo reducido de estudiosos los comenta; en trabajos de revista, y en conferencias, y en *explicaciones* de cátedras se va viendo lentamente un reflejo, una influencia de esos libros; otros libros, en fin, nacen engendrados por ellos. Y, en definitiva, tal volumen, que no obtuvo éxito ruidoso, que no entusiasmó a la gente que se halla en los aledaños de la intelectualidad, ni llegó a noticia de los parlamentarios; tal volumen, repetimos, ha sido fundamental en la ideología de un país —en determinado momento— y ha constituido uno de los factores de su evolución social o literaria.

---

[32] José Martínez Ruiz, Azorín, en *Los valores literarios,* Madrid, Renacimiento, 1913, pp. 75-80.

De esta clase de libros es el citado del doctor Cajal. Prueba de ello es la extensión que por España, y singularmente por los pueblos americanos, van teniendo sus repetidas ediciones, y las exhortaciones que, agotados los ejemplares, se hacen en todas partes para que se le reimprima.

El libro de nuestro gran sabio no es, como pudiera creerse, un libro de técnica, de técnica relacionada con las investigaciones que a Cajal le han dado renombre universal. Se trata, sí, de un conjunto de observaciones y consejos dictados por la experiencia que pueden ser útiles, no sólo al investigador biólogo, sino a toda clase de estudiosos y científicos. Nada más lejos —aparentemente— de la biología que la crítica literaria; sin embargo, pocos laboradores podrán sacar tanto provecho de estas reglas y normas que dicta —sin dogmatismo alguno— nuestro sabio, como los críticos literarios y los historiadores de las letras. Imaginad, para formar idea de este libro, algo así como *El criterio* de Balmes, hecho por un verdadero hombre de ciencia, y en el cual se hayan aprovechado todas las aportaciones del saber —y del *sentir*— moderno, a más de la rica experiencia de uno de los cerebros contemporáneos más poderosos.

A continuación, comentaba algunos pasajes del libro. Y puesto que el presente ensayo trata sobre todo de Cajal y la literatura, mencionaré uno de los comentarios de Azorín que sin duda debió de agradar a don Santiago:

> Ante todo, hemos de hacer constar el placer que causa el ver a un hombre que, por sus trabajos, parecería ajeno al arte de la prosa, escribiendo en un estilo verdaderamente literario, un estilo claro, preciso, limpio, ameno, insinuante. Cajal hace honor con la pluma en la mano, a esa gran estirpe de prosistas aragoneses, de donde han salido los Argensola, Palafox, Gracián, Mor de Fuentes, Costa, etc.

Pocos años después, Pío Baroja opinaba de forma muy diferente sobre la capacidad literario-intelectual de Cajal. Lo hizo en su libro *Juventud, egolatría* (1917):[33]

> En un libro de consejos a los investigadores de Ramón y Cajal, libro de una tartufería desagradable, este histólogo, que como pensador siempre ha sido de una mediocridad absoluta, habla de cómo debe ser el joven sabio, lo mismo que la Constitución de 1812 hablaba de cómo debía ser el ciudadano español.

---

[33] *Juventud, egolatría,* Madrid, Rafael Caro Raggio, 1917, p. 48.

Sabemos cómo debe ser el joven sabio; sereno, optimista, tranquilo… y con diez o doce sueldos.

En el ejemplar que tenía Cajal de este libro, conservado en Real Academia de Extremadura de las Letras y las Artes, este anotó al margen: «No va a investigadores, sino a jóvenes aficionados. Tampoco digo cómo debe ser el joven sabio».[34]

Entre las cartas que se conservan de Cajal hay una durísima, que conservaba en su escritorio y nunca llegó a enviar. Su destinatario era Baroja. No está datada, pero por su contenido es evidente que debió de escribirla poco después de leer el anterior comentario de don Pío:[35]

Usted no me puede juzgar porque no me ha leído.

Es como juzgar a Sócrates por tocar la flauta o a Catón por haber estudiado y aprendido de viejo el griego.

---

[34] Citado en Salvador Salvador, *Santiago Ramón y Cajal: sinapsis entre ciencia y literatura. Reglas, consejos y cuentos, op. cit.,* p. 48.

[35] Incluida en Fernández Santarén, *Santiago Ramón y Cajal, Epistolario, op. cit.,* pp. 607-608. Se publicó en *Índice de Artes y Letras* (Madrid), n.º 51, 5 de mayo de 1952.

Usted no ve el espíritu de los libros. Critica usted a Juan Jacobo [Rousseau] sin fijarse que su título de gloria no es el *Diccionario musical,* ni el *Emilio,* ni siquiera el *Contrato social* —peligroso y lleno de inepcias— sino *Julia,* donde se revela un escritor admirable de exquisita sensibilidad y con un sentimiento de la naturaleza que los románticos imitaron después.

Usted no ve que los libros de Plutarco tienen un sabor pedagógico (imitación de los héroes), mientras que Diógenes Laercio es un erudito, ramplón de estilo y que sólo habló en los testamentos en contra de las debilidades de los astrónomos. En realidad para conocer a Epicuro hay que leer el poema de Lucrecio. El resumen de Laercio es oscuro y deshilvanado. Tampoco ha comprendido Usted a Tácito ni a Suetonio. Llama Vd. tartufismo a exponer reglas y consejos para la juventud, que ha merecido el aplauso (siete ediciones), y hacerlo como es razón, en estilo llano y comprensible.

¡Que no me revelo como pensador! ¿Para qué? Primero, sé más que nadie que no lo soy, y además, para estimular la voluntad de la juventud estudiosa (pues a ella se dirige este libro) ¿qué falta me hace a mí mostrarme filósofo? Fuera pedante e incongruente. ¿Es que se enfada porque no revelé yo allí ideas disolventes?

¡Pero hombre de Dios! ¿Cuándo ha visto Vd. que eso se pueda hacer en un discurso académico y ante compañeros, todos o casi todos fervientes católicos?

De proceder como usted desea, el discurso no se habría escrito, o me lo habrían devuelto, y la causa del nacionalismo nada habría ganado.

Usted no es español. Con un cinismo repugnante trató Vd. de eludir el servicio militar, mientras los demás nos batíamos en Cataluña, fuimos a Cuba, enfermamos en la manigua, caímos en la caquexia palúdica y fuimos repatriados por inutilizados en campaña, y luego, enfermos, tratamos de estudiar y trabajar para enaltecer a la Patria, no con noveluchas burdas, locales, encomiadoras de condotieros y conspiradores vascos, sino luchando con la ciencia extranjera a brazo partido.

Si yo fuera Gobierno, a los malos españoles como Vd. que cifran su orgullo y tiene a fruición despreciar los prestigios de la raza española, los condenaría a pena de azotes, y después a una desecación lenta pero continua, en Costa de Oro. Creo que así nos dejarían en paz.

Santiago Ramón y Cajal

Este enfrentamiento entre Baroja y Cajal, propiciado por el primero es, hasta cierto punto, sorprendente, pues ambos se conocían. Recuérdese que Baroja estudió Medicina en Madrid y Valencia. Más aún, Cajal fue uno de los miembros del tribunal que juzgó la tesis de doctorado de Baroja, que defendió el 27 de mayo de 1896. Se tituló *El Dolor. Estudio de psicofísica,* y además de Cajal formaron parte del tribunal Alejandro San Martín, catedrático de Patología Quirúrgica, Arturo Redondo, profesor de Patología, y José Gómez Ocaña, catedrático de Fisiología.

En las *Memorias* de Baroja se encuentran numerosos detalles de sus estudios de Medicina; de por qué eligió esta carrera, decía:[36]

> Al terminar el bachillerato vino la cuestión de elegir una carrera, y comencé el preparatorio de medicina, que era el mimo de la carrera de farmacia. Estaba indeciso si estudiar una u otra. Pero mi compañero de instituto, Carlos Venero, que iba a estudiar medicina, y que era amigo de Pedro Ruidavets, que pocos días antes se hizo amigo mío, me convenció para que

---

[36] Pío Baroja, *Desde la última vuelta del camino I. Memorias,* José-Carlos Mainer, ed., Barcelona, Círculo de Lectores, 1997, p. 471.

no estudiara de *pucherólogo,* como decía él, sino que me hiciera médico.

Particularmente interesante es lo que decía de algunos de sus profesores en la madrileña Facultad de San Carlos; por ejemplo: «El segundo año de San Carlos y el tercero de carrera seguimos teniendo clase de anatomía, con Calleja, y de histología, con don Aureliano Maestre de San Juan. Este señor creo que murió en el mismo año que yo estudié con él. Había escrito un libro de histología, muy pesado y confuso».[37] Maestre de San Juan, que no parece haber dejado buena impresión en Baroja, fue quien enseñó a Cajal las técnicas de microscopía que tan necesarias le fueron para sus posteriores investigaciones, como don Santiago reconoció, con agradecimiento, en sus *Recuerdos.*

Pero quien se llevaba la palma de los desafectos de Baroja era José Letamendi, del que decía:

Al comenzar el cuarto año de carrera y tercero dentro de San Carlos, había entre los alumnos un motivo de curiosidad: la clase de don José Letamendi.

---

[37] *Ibid.,* p. 503.

Letamendi era un hombre que tenía cierto talento literario, pero nada de hombre de ciencia.

Letamendi, cuando yo le conocí, era un señor flaco, bajito escuálido, con melenas grises y barba cuadrada y blanca. Tenía cierto tipo de aguilucho: la nariz, corva; los ojos, hundidos y brillantes. Se veía en él un hombre que se había hecho una cabeza, como dicen los franceses. Vestía siempre levita entallada. Llevaba sombrero de copa de alas planas, de esos sombreros clásicos de los antiguos y melenudos profesores de la Sorbona, y bastón.

En San Carlos corría como una verdad indiscutible que Letamendi era un genio, uno de esos hombres águilas que se adelantan a su tiempo. Todo el mundo le encontraba abstruso, porque hablaba y escribía con gran énfasis un lenguaje medio filosófico, medio literario.

Ese último párrafo, por cierto, aparecía exactamente igual en el capítulo VII de la «Primera parte» de su libro posiblemente más emblemático, *El árbol de la ciencia* (1911), en el que el protagonista es un médico, Andrés Hurtado, que compartía con Baroja no pocas características e ideas; por ejemplo, como él «se fue a Madrid; se examinó de las asignaturas del doctorado, y leyó la tesis que había escrito en Valencia.» (capítulo V de la «Tercera parte»).

Algo más adelante de la cita anterior, Baroja añadía, cual sentencia definitiva:[38]

> Letamendi era una mistificación, un *bluff*, y hasta un *bluff* de poco éxito, una de esas farsas que gustan en los países meridionales, en donde se cree que los gestos, las actitudes, las frases, tienen su valor no sólo en política, sino también en la ciencia.
>
> Letamendi en ese sentido, es lo más opuesto, lo más antónimo, de Claudio Bernard, de Magendie, de Pasteur, de Schwann, de Virchow, de todos los grandes investigadores del siglo XIX. En el sentido del aparato y de la oquedad, no llegaba tampoco a la altura de los Lombroso y de los criminalistas italianos, que dejaron, al menos, datos. Letamendi no dejó nada.

De Cajal, poco decía Baroja en sus memorias, y lo que escribió allí se refiere a 1932-1933, es decir, mucho tiempo después del desencuentro de 1917. Y lo que decía tenía que ver, precisamente, con Letamendi:[39]

38 *Ibid.,* p. 513.
39 *Ibid.* pp. 513-514.

En 1932 me pidieron algunos médicos que escribiera una conferencia sobre eugenesia. La escribí, se leyó en San Carlos, y en ella me refería, un poco en broma, a una afirmación de Cajal acerca de cómo debía ser la mujer del joven sabio.

Cajal recogió la alusión, me escribió una carta y me envió tres libros suyos: uno que me desapareció en Madrid y dos que me quedan.

Los libros tienen dedicatorias.

En *Recuerdos de mi vida,* dice: «Al enérgico y sobrio escritor don Pío Baroja (el hombre malo de Itzea) dedica estos recuerdos el travieso, pero infeliz y desaplicado muchacho de Ayerbe.- 11 de enero de 1933». Y en *Reglas y consejos sobre investigación científica:* «Al sincero e intrépido escritor don Pío Baroja, con afectuosa gratitud.- S. R. Cajal». [¿Recordaría don Santiago lo que se dijeron en 1917?].

Yo leí los *Recuerdos de mi vida,* y le escribí diciéndole que no comprendía que, seriamente, pudiera elogiar a Letamendi, que era un retórico, un hombre aparatoso, de ingenio de círculo o de ateneo, y del cual no ha quedado absolutamente nada en la ciencia.

Cajal era, en gran parte, la antítesis de Letamendi.

A la carta mía, Cajal contestó con otra carta, dándome las gracias por mis elogios acerca de él, pero esquivando el hablar de Letamendi, como si no valiera la pena tratar de este asunto.

Como último apunte sobre Baroja y Cajal, diré que este también aparece citado en *El árbol de la ciencia* (capítulo II, «Cuarta parte»):

> —Ya debe haber filósofos y biólogos —dijo Iturrioz.
> —¿Por qué no? Filósofos y biólogos. En estas circunstancias, el instinto vital, todo actividad y confianza, se siente herido y tiene que reaccionar y reacciona. Los unos, la mayoría literatos, ponen su optimismo en la vida, en la brutalidad de los instintos, y cantan la vida cruel, canalla, infame, la vida sin finalidad, sin objetos, sin principios y sin moral, como una pantera en medio de la selva. Los otros ponen el optimismo en la misma ciencia. Contra la tendencia agnóstica de un Du Bois-Reymond, que afirmó que jamás el entendimiento de hombre llegaría a conocer la mecánica del Universo, están las tendencias de Berthelot, de Metchikoff, de Ramón y Cajal, en España, que suponen que se puede llegar a averiguar el fin del hombre en la tierra.

RECUERDOS DE MI VIDA

Cuando ya comenzaba a alborear su fama, Cajal se atrevió con su propia autobiografía, que como ya indiqué apareció en dos partes: un tomo primero, *Mi infancia y juventud* (1901), cuya segunda edición, en dos tomos (1917), estuvo acompañada de una segunda parte, *Historia de mi labor científica;* por entonces Cajal ya era una celebridad en España.[40] Sobre lo que él mismo pensaba sobre la primera parte de este libro, o, tal vez, sobre lo que decía a otros para justificarse ante ellos por publicar unas memorias, existe una carta que envió a Azorín el 5 de enero de 1915, es decir, bastante tiempo después de que se publicase la primera parte:[41]

---

[40] La primera parte se reprodujo también en dos revistas y alcanzó bastante popularidad mediante una adaptación destinada a lectores infantiles. Se tituló *Cuando yo era niño… La infancia de Ramón y Cajal contada por él mismo,* Madrid, Reus, 1921.

[41] Reproducida en Fernández Santarén, *Santiago Ramón y Cajal, Epistolario, op. cit.,* p. 221. En la sección dedicada al libro *El mundo visto a los ochenta años* cito también los comentarios de Unamuno a los *Recuerdos* de Cajal.

Estimadísimo amigo:

Gracias por la amable crónica que me consagra usted en el *Blanco y Negro*.

No sólo es usted un admirable escritor, sino un hombre buenísimo, que vale más.

Ahí le mando a usted el tomo que acabo de publicar (reuniendo artículos antiguos y algunos nuevos) de mis memorias.

No estoy satisfecho del libro, ni mucho menos. Hoy lo escribiría de otro modo y creo que mejor.

Me propuse hacer una autopsicología, y ni estaba preparado para ello, ni el público esperaba, y con razón, eso de mí. Hay mucho fango en los capítulos primeros y hasta digresiones y lirismos que hoy encuentro enfadosos, inoportunos y hasta pedantes. Pero tenía desde 1900 hecha la tirada, y me ha faltado valor para inutilizarla. En cambio, los cuatro o cinco últimos capítulos, escritos éstos en los dos meses últimos, están algo más limpios de los referidos defectos.

El segundo tomo, que escribiré, si la salud me asiste, el próximo verano, será más interesante, y creo que menos defectuoso.

Sabe que le quiere de veras su admirador y amigo.

Sin embargo, pensase lo que pensase sobre esta obra, lo que es indudable es que se trata de una gran autobiografía, una que figura entre las mejores escritas, a lo largo de toda la historia, por un español, cualquiera que fuera la disciplina que cultivase. Y no tardó demasiado en ser traducida al inglés: *Recollections of my Life* (2 vols., Filadelfia, American Philosophical Society, 1937).

Pedro Laín Entralgo relacionó la imagen que Cajal proyectó de sí mismo en *Mi infancia y juventud* con dos prototipos literarios: el *Giannetto* (1833), de Luigi Alessandro Parravicini, y el *Tom Sawyer* (1876-1878), de Mark Twain:[42]

> Buena parte de la infancia de Cajal viene a ser una brava versión celtibérica del canon sawyeriano. El Cajal capitán de pedreas, el rapaz que se evade de la casa paterna en busca de aventuras, el burlador de la áspera dureza de sus educadores, el adolescente que se quijotiza leyendo el *Quijote* y se robinsoniza devorando el *Robinson,* reproducen entre los riscos pirenaicos la vida de Tom Sawyer en la ribera del Missis-

---

[42] Pedro Laín Entralgo, «Cajal por sus cuatro costados», en *Ramón y Cajal, 1852-1934, y tres apéndices,* número 2 de *Expedientes administrativos de grandes españoles,* Madrid, Ministerio de Educación y Ciencia, 1978, pp. 17-65; cita en pp. 20-21.

sippi. A sus veintidós años, ya licenciado en Medicina, seguía latiendo en Cajal el ansia aventurera y el hondo inconformismo de su desconocido modelo infantil: «Estoy asqueado de la monotonía y el acompasamiento de la vida vulgar —dice entonces a un amigo—. Me devora la sed insaciable de libertad y de emociones novísimas. Mi ideal es América, y singularmente la América tropical…».

Pero la reencarnación del héroe de Mark Twain no agotó la vigorosa muchachez de Cajal; en ella ganó también vida nueva «Gianetto» o «Juanito», el ejemplar mozuelo que entre la era romántica y la era positivista alumbró en Italia la pedagógica minerva de Alessandro Parravicini. «Juanito»: el infante que ante los varios problemas de la vida humana —la ciencia, la ética, la convivencia— dócilmente hace suyos los criterios que le brinda el providente magisterio paterno. De ahí la sonrisa irónica con que hoy, cuando tan natural parece ser el gobierno técnico del mundo y tanto ha cambiado el estilo de la relación paterno-filial, suelen ser acogidas esas «florecillas» laicas que son los lances biográficos del buen «Gianetto». Pero con el arquetipo parraviciniano a la vista, ¿cómo desconocer que «Gianetto» se realiza en el reverso caviloso del niño Cajal? Baste recordar la actitud de éste ante el eclipse solar de 1860: «Mi padre me había explicado la teoría de los eclipses, y yo la había comprendido bastante bien… El eclipse del 60 fue para mi tierna inteligencia luminosa revelación. Caí en la cuenta de que el hombre… tiene en la ciencia redentor heroico y poderoso, y universal instrumento de previsión y dominio». Así ante la fotografía, ante el ferrocarril, ante las páginas del librito *Le ciel* de Fabre; así en tantos otros casos. No cabe la duda: «Gianetto» y «Tom Sawyer» llegaron a fundirse en el alma del niño Santiago Ramón y Cajal.

Giannetto, «obra elemental de educación para los niños y para el pueblo», fue traducida por primera vez al castellano en 1839 y reeditada numerosas veces, la última en 1942. «Durante más de un siglo —explicó José María López Piñero— tuvo una gran difusión en la enseñanza primaria española y 'Juanito' se convirtió en el modelo empalagoso del niño que recibe, respetuoso y maravillado, las explicaciones paternas acerca de los fenómenos aparentemente enigmáticos que ofrece la realidad cotidiana.»[43]

---

[43] José María López Piñero, «La literatura en la vida de Cajal», manuscrito inédito.

En cuanto a *The Adventures of Tom Sawyer,* se publicó cuando Cajal ya había dejado atrás su infancia, y apareció en España a principios del siglo XX, pero, aun así, cuando don Santiago escribió *Mi infancia y juventud, Tom Sawyer* era ya el prototipo de muchacho rebelde e indomable, lo mismo que fue el joven Cajal.

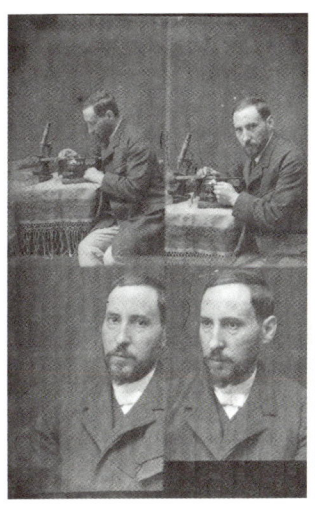

Serie de autorretratos que Cajal realizó
en su época de catedrático en Valencia.

CHARLAS DE CAFÉ (1921)

En 1921, a punto de cumplir setenta años, Cajal publicó *Charlas de café,* donde en el prólogo, «Dos palabras al lector», decía:

> El librito actual es una colección de fantasías, divagaciones, comentarios y juicios, ora serios, ora jocosos, provocados durante algunos años por la candente y estimuladora atmósfera del café. A ellos se han agregado algunas anécdotas personales y unos pocos comentarios, inspirados en sucesos recientes o en nuevas lecturas.
>
> Apresúrome a decir que no trato aquí de sentar doctrina ni de atacar creencias dignas de todo respeto. Rechazo, pues, categóricamente la responsabilidad de muchas opiniones, exageradas, frases hiperbólicas, expansiones bufonescas o sentimientos demasiado pesimistas. Fuera excesivo concederles valor absoluto, ya que traducen estados de alma fugitivos, suscitados por pareceres y sentimientos antagonistas.

Y añadía un comentario especialmente valioso para el presente ensayo, pues se refería a algunas de sus lecturas:

Al escribir esta obrilla no he aspirado, sino en muy modesta medida, a la originalidad. Nuestra memoria es una trama tejida con ideas tomadas del espíritu de nuestros antepasados y contemporáneos célebres. Confieso, pues, que las ideas aportadas por mi experiencia personal sobre la *amistad,* la *ingratitud,* el *egoísmo,* las *mujeres,* el *talento,* el *amor,* la *moral* y la *política,* etc., están impregnadas de reminiscencias clásicas (Platón, Cicerón, Plutarco, Séneca, Teofrasto, Luciano, Quevedo, Gracián, La Bruyère, etc.). Es más, al recorrer los primeros pliegos impresos del libro actual he encontrado algunas máximas y aforismos coincidentes, hasta en la forma, con los expresados por escritores célebres de los siglos XVI y XVII, y por tal cual ingenio contemporáneo.[44]

El libro fue bien recibido, pues se agotaron rápidamente las dos primeras ediciones. En la tercera (1922), Cajal añadió un prólogo en el que se defendía de críticas adversas:

---

[44] Aquí Cajal incluía la siguiente nota a pie de página: «Muchos pensamientos de Sócrates, Platón, Horacio, Plutarco, Séneca, etcétera, se encuentran hasta en escritores tan originales como Montaigne, La Bruyère, Quevedo, Gracián, El Dante, Maquiavelo, Rochefoucauld, Rousseau, Chamfort, Stendhal, France, etc.».

A propósito de esta tercera edición, séame lícito en respuesta a ciertas críticas, aunque incurra en pesadez, repetir a dichos lectores adustos, estomagados por inocentes estridores y desbarros filosóficos o religiosos, que la mayoría de las ideas contenidas en este librito son verdaderas humoradas que fueron *real* y *positivamente* expuestas —con otras mil de que no guardo memoria— ante contertulios joviales durante cuarenta años de asidua asistencia a las peñas de café o de casino, donde, por mal de mis pecados, fui incansable fantaseador e irrefrenable parlanchín.

Y en la cuarta edición (1932) volvía a defenderse de las críticas que recibía, manifestando que «tan sumiso y sensible soy a las censuras justificadas, que, después de conocerlas, renuncié a reimprimir este librito, agotado hace más de cuatro años». Y continuaba:

Pero encuéntrome ante estos hechos anómalos y significativos: se han publicado en América dos ediciones clandestinas, amén de alguna selección tendenciosa de pensamientos y anécdotas. Está en marcha una traducción inglesa (versión del doctor George Blakneley). Con el título de *Máximas escogidas* han visto la luz en los Estados Unidos (*Bulletin of New York Aca-*

demy of Medicine, por H. Garrison, 1929), y en algún país europeo. Y sólo de los libreros españoles tengo pedidos desde hace tres años de 700 ejemplares.

¿Qué debo hacer? Agotada la edición, no puedo someter las *Charlas de café* al radical auto de fe a que condené inexorable, hace más de veinte años, otra obrita frívola anatematizada, con razón, por un pontífice de la crítica *(Cuentos de vacaciones: narraciones pseudocientíficas).* En la duda resuelvo, pues, imprimir esta cuarta edición. Reconociendo sus muchos defectos, he dulcificado y limado bastantes pensamientos, suprimido otros y adicionado algunos. Si mi edad y mis achaques lo consintieran, hubiera refundido y ampliado toda la obra.

Veamos unos pocos ejemplos de esas máximas cajalianas:

Dice Carlyle que «es necesario amar para conocer». Máxima cierta cuando se trata de ciencia, arte o literatura. Pero en la amistad y en el amor fracasa a menudo. A veces nos amamos porque nos conocemos, y otras, acaso las más, nos amamos porque nos ignoramos (cap. I, «Sobre la amistad, la antipatía, la ingratitud y el odio»).

Las bibliotecas constituyen cuna y sepulcro del espíritu. En ellas se templa y apercibe el joven para las ásperas luchas de la vida, y consuélase el anciano de la muerte próxima conversando con los muertos (cap. III, «En torno de la vejez y del dolor»).

Quien no se preocupa de la constitución del Universo y de los problemas de la vida y de la muerte no pasa de ser un cuadrumano con pretensiones (cap. IV, «Alrededor de la muerte, la inmortalidad y la gloria»).

El gran defecto de los españoles de antaño fue siempre el desdén hacia el idealismo filosófico y científico. Diríase que las robustas posaderas de Sancho cabalgaron sobre los hombros del genio patrio, obligándole a inclinar cabeza y ojos hacia la tierra (cap. V, «Sobre el genio, el talento y la necedad»).

Lo que entra en la mente por vía de razonamiento cabe ser corregido; lo admitido por fe, casi nunca (cap. VI, «Acerca de la conversación, la polémica, las opiniones, la oratoria, etc.»).

Es difícil ser muy amigo de los amigos sin ser algo enemigo de la justicia (cap. VII, «Sobre el carácter, la moral y las costumbres»).

Resignémonos a marchar humilde detrás de los sabios, para poder marchar algún día en su compañía (cap. VIII, «Pensamientos de tendencia pedagógica y educativa»).

Se ha dicho infinitas veces que todo escritor negligente del bello estilo está condenado a la oscuridad. Importa, empero, no exagerar el precepto. La idea feliz y exacta, aun desdichadamente expresada, irradia luz perenne y fascinadora.

No deja de ser, a este respecto, significativo que los tres libros más descuidadamente escritos, tales como el *Antiguo Testamento* (salvo algunos bellísimos capítulos), el *Alcorán,* y el *Origen de las especies,* de Darwin,[45] sean los que más han emocionado y removido el mundo y satisfecho la sed de creer, pensar y comprender (cap. IX, «Con tendencias a la literatura y al arte»).

Las naciones bien alimentadas no sólo producen los mejores soldados, sino las más altas genialidades (cap. X, «Sobre política, la guerra, cuestiones sociales, etc.»).

---

[45] Aquí Cajal añadía una nota a pie de página muy interesante: «Hoy ha pasado el auge del darvinismo o ha perdido su dignidad de ley biológica, pero ha servido, sobre todo, de fecunda hipótesis de trabajo. La han reemplazado, en parte, otras concepciones que pasarán a su vez, dejando sólo una estela luminosa de hechos nuevos. La pirámide se agranda por su base: pero el vértice, donde mora el arcano de la evolución y de la esencia de la vida, continúa rodeado de nubes tenebrosas».

Continúa la moda de la teosofía y del espiritismo. Pena da pensar que, en los absurdos de la moderna brujería, hayan caído hombres de ciencia como Crookes y Richet, y filósofos como Krause y W. James.

Yo confieso, un poco avergonzado, mi irreductible escepticismo. Y me fundo, aparte de ciertas razones serias (comprobación de la superchería de los médiums e imposibilidad de demostrar la identidad de los aparecidos), en los siguientes frívolos motivos: en ninguna de las invocaciones de ultratumba publicadas en libros y revistas espiritistas he encontrado una suegra duende turbando la felicidad de su yerno, ni un espectro de poeta chirle infernando, con bromas pesadas, la vida de sus críticos (cap. XI, «Pensamientos de sabor humorístico y anecdótico»).

EL MUNDO VISTO A LOS OCHENTA AÑOS (1934)

Ya en 1917 Cajal comenzó a sentir los efectos de los años. En una carta que envió a Miguel de Unamuno el 6 de marzo lo confesaba, incluyendo otros detalles también dignos de recordar:[46]

---

[46] Reproducida en García Durán Muñoz y Alonso Burón, *Cajal. Escritos inéditos II, op. cit.,* pp. 285-286, 672-673 y en

Estimado amigo y compañero:

Muchas gracias por los amables y sugestivos comentarios de su carta.

¡Dichoso usted que puede leer muchas horas al día…! Yo debo ya poner orden en leer y escribir, y todavía más en el hablar: la terrible *arterioesclerosis* de la vejez que en mí se ha anticipado por lo excesivo y desordenado de la labor realizada durante treinta años, me impone dolorosas limitaciones. La congestión de la atención ahincada ha acabado por ser permanente, amenazándome con pasar a mayores estragos. De mis ocho a diez horas de trabajo mental de otro tiempo, debo hoy contentarme con dos o tres (incluyendo la cátedra). Y esto sólo por la mañana. El resto del día lo consagro, por consejo médico e imposición del instinto, a descongestionar el cerebro.

El primer tomo de mis *Memorias* está agotado. Pero actualmente imprimo la segunda edición, más completa que la anterior y corregida de no pocos defectos. En cuanto esté lista tendré el gusto de enviarle el primer ejemplar.

Fernández Santarén, *Santiago Ramón y Cajal, Epistolario, op. cit.,* pp. 672-673. Conservada en la Casa Museo Unamuno de Salamanca.

Con el correo de hoy le remito la última edición, también corregida y aumentada, de mis *Reglas y consejos.* Añado un pequeño discurso sobre los *problemas de la célula,* leído hace pocos años con ocasión de la reunión trienal de la Asociación para el progreso de las ciencias. Como usted lo lee todo, aun de lo malo, por si contiene algún germen ideal que no supo o no pudo desenvolver el autor, le envío este folleto, no obstante su sabor técnico.

De la autobiografía de usted tengo sólo vagas referencias. Mucho agradecería que, si le sobra algún ejemplar, me lo enviara. Como usted, gusto también extremadamente de esta clase de trabajos, y más cuando proceden de personas cultísimas que tienen aficiones psicológicas y el hábito de autoobservarse.

Sabe le quiere y le admira, deseándole perenne energía mental (y mejor administración que la hecha por mí de la mía, harto modesta), su amigo y compañero.

P. D.- He recibido, de la Residencia de Estudiantes, el cuarto tomo de sus admirables *Ensayos.* Los leo con deleite creciente, llegando hasta olvidarme de mis enfadosas hipertensiones cerebrales. Es de los pocos libros que figuran en mi mesa de noche y que leo con el alba, tan propicia a la meditación.[47]

---

[47] Cajal cumplió su promesa y envió su libro a Unamuno, que se lo agradeció el 4 de abril. Su carta es muy interesante, pero muy extensa, por lo que cito a continuación solamente parte de ella: «Acabo de recibir, mi querido amigo y compañero y admirado maestro de energía y vocación, el tomo II de sus *Recuerdos de mi vida* que con una muy halagadora dedicatoria personal me envía. Y no sé cómo agradecérselo, sobre todo no habiendo tenido yo la atención —falta que he de reparar muy pronto— de ofrecerle alguno de esos desahogos de un espíritu torturado que son por lo general mis libros. Pero es el caso que teniendo ya este tomo II me falta el I que lo leí —no recuerdo si en volumen aparte o en revista, aunque creo recordar que esto último— pero no lo poseo, y aunque me fuera fácil pedirlo a un librero tengo empeño en que, si le es posible, me lo envíe usted mismo. / Lo que leí allí de los principios de su vida me interesó mucho a mí que no he podido pasar en mis memorias escritas de mis *Recuerdos de niñez y de mocedad* —¿los conoce usted?— y que he temblado de ponerme a recordar por escrito y para el público la tragedia íntima que siguió a mi llegada a Madrid, a estudiar la carrera, teniendo 16 años, y que fue la crisis religiosa de que aún no he salido ni espero salir pues que la esencia misma de mi vida espiritual es crítica y aun dialéctica y hasta polémica. [...] / Este tomo II que he de leer entero, enterito —porque yo, tan precipitado y poco cuidoso en mis citas, soy un lector formidable— con sus áridos y técnicos capítulos XVI, XVIII y XIX y hasta los terribles XXI y XXII, sin perdonar tabarra —¡y

Sumido en el espíritu de devastación que le embargaba por su mala salud asociada a la vejez, Cajal, que no por ello dejaba de frecuentar la pluma, escribió lo que, en última instancia, no es sino la postrera continuación de sus *Recuerdos: El mundo visto a los ochenta años (Impresiones de un arterioesclerótico)* (Madrid, Tipografía Artística, 1934), el último libro que publicó; falleció ese mismo año, el 17 de octubre de 1934.

---

no pocas de medicina que he aguantado enseñando aquí, primero alemán y luego inglés a Cañizo en libros de los suyos!— me ha de interesar, estoy seguro, como un drama. Porque siempre me ha interesado más que una doctrina cualquiera, científica o filosófica, la manera como se llegó a ella, el proceso de su formación. Y por eso he leído no pocas autobiografías y memorias de hombres de ciencia. Y aún le diré más y es que para España usted mismo y la manera como se ha formado investigador de histología, importa más, mucho más, que sus descubrimientos todos por importantes que estos sean. […] / La lectura de su libro, además, me servirá, estoy de ello segurísimo, como sedante para un ánimo envenenado por la canalla política que jamás reconoce sus culpas, y demasiado propenso desde hace algún tiempo a cierta irritación misantrópica y pesimista». Reproducida en Fernández Santarén, *Santiago Ramón y Cajal, Epistolario, op. cit.,* pp. 673-675. Conservada en la Casa Museo Unamuno de Salamanca.

EL MUNDO VISTO A LOS 80 AÑOS

A LOS 80 AÑOS

(Impresiones de un arteriosclerótico)

S. RAMON Y CAJAL

Reeditado numerosas veces —la primera el mismo 1934, la tercera edición llegó en 1939—, es este un libro de gran pesimismo, en el que con la fría lucidez que da el conocimiento que Cajal poseía del cuerpo humano, resaltaba las limitaciones, el deterioro que se producía en él al llegar a la ancianidad. Ya en la «Introducción» escribía:[48]

> Hemos llegado sin sentir a los helados dominios de *Vejecia*. A ese invierno de la vida sin retorno vernal, con sus honores y horrores, según decía Gracián. El tiempo empuja tan solapadamente con el fluir sempiterno de los días, que apenas reparamos en que, distanciados de los contemporáneos, nos encontramos solos, en plena supervivencia. Porque el tiempo «corre lento al comenzar la jornada y vertiginosamente al terminarla» (Schopenhauer, Parerga).

La mera lista de los títulos de los capítulos de la primera parte, «Desfallecimientos fisiológicos y psíquicos», da idea de la orientación del libro:

---

[48] He utilizado la edición de la Biblioteca Castro: Santiago Ramón y Cajal, *Obras escogidas. Mi infancia y juventud, Los tónicos de la voluntad, El mundo visto a los ochenta años* (Madrid, Biblioteca Castro, 2022).

Capítulo 1, «Decadencias sensoriales (La visión normal. Decaimiento visual, Presbicia y disminución de acuidad visiva. Los deterioros seniles del aparato visual)».

Capítulo 2, «Las maravillas de la audición y su decadencia senil (Sordera y ceguera. Beethoven y Goya)».

Este capítulo es un buen ejemplo de que, al hilo de las descripciones físicas de los diferentes órganos, Cajal incluía comentarios acerca de su propio estado. Así, explicaba:

> Harto más frecuente que la terrible sordera absoluta es la *dureza* de oído del anciano. A esta cofradía de *tenientes* pertenece, bien a su pesar, desde hace más de doce años, el autor de estas líneas. Para oír necesito que se hable recio y cerca. Impongo, por tanto, a mi familia y amigos el enojoso vejamen de conversar a gritos.

Sobre la ceguera, decía: «Concedo que el ciego goza de las distracciones y enseñanzas del teatro, de la oratoria y de la conversación. Tiene además la satisfacción de cooperar personalmente en muchas actividades sociales y políticas (academias, ateneos, tertulias, etc.). A este propósito suele recordarse que Homero, Demócrito y Milton fueron ciegos, activos y al parecer dichosos. Lo pongo en duda».

> Capítulo 3, «Otras limitaciones orgánicas (Debilidad muscular. Congestión cerebral arteriosclerótica. Premiosidad en el trabajo. Algunas confidencias autobiográficas que el lector puede pasar por alto. Mi fácil presagio sobre la próxima guerra. El insomnio y sus deplorables consecuencias)».

> Capítulo 4, «Las traiciones de la memoria senil (El olvido y sus formas. Algunos ejemplos de errores de escritores ancianos. Consejos para evitar *lapsus* graves)».

Tratando de los *lapsus* de memoria asociados a la vejez, Cajal mostraba sus conocimientos literarios:

> 14.º *Lapsus* por trueque de personas son comunes hasta en nuestros clásicos. Para no caer en enfadosa prolijidad, baste citar al agudísimo e intencionado Larra, quien afirma que Platón «obligaba a callar cinco años a sus discípulos», confundiendo al filósofo de la Academia con el casi legendario Pitágoras («El siglo en blanco», *Obras* de Larra).

15.º Tampoco los literatos extranjeros de fama universal, cuando llegan a viejos, y aun sin serlo, dejan de cometer dislates. El dulce Fenelón [François Fenelón (1651-1715), escritor, teólogo y obispo francés] pone en boca de Mentor esta reflexión: «Que la grandeza es como ciertos vidrios que aumentan todos los objetos». Olvida el reverendo autor de *Telémaco* [*Les aventures de Télémaque, fils d'Ulysse* (escrita entre 1694 y 1697) donde relata los viajes y aventuras del joven Telémaco, hijo de Ulises, acompañado de su tutor, Méntor, que en realidad es la diosa Minerva bajo apariencia humana] que las lentes fueron inventadas en el año 1150, después de Jesucristo. (Error por extensión cronológica).

16.º Famosa es la equivocación de Cousin, el elocuente filósofo francés tan bien retratado por Taine. En su vejez compuso e imprimió cierto discurso, presentado a la Academia, en el cual gratifica a Abelardo con la máxima de Cicerón: *Dubitando ad veritatem pervenimus* (dudando alcanzamos la verdad). Y cuando Hoffer, su secretario, le hizo notar que esta máxima adjudicada a Abelardo pertenece al famoso orador romano *De officiis,* rugió esta frase: «¡Miserable!... me habéis deshonrado». Huelga decir que el pobre Hoffer, filósofo, médico y humanista de primer orden, etc., hubo de tomar la tangente.

17.º ¿Quién sospecharía que Anatole France, el exquisito y sutil escritor, no obstante su prodigiosa retentiva, incurra, si hemos de creer a Brousson, su secretario, en *lapsus* inexplicables? Supone, por ejemplo, que el Vesubio se despertó para sepultar Pompeya y Herculano el año 54 de nuestra era, cuando cualquier manualete de geografía o diccionario de bolsillo nos enseña que la espantosa erupción acaeció el año 79.

Pero es en el capítulo XXI («Continuación de los solaces de la lectura. Clásicos romanos y españoles. Algunas obras extranjeras») donde el sabio de Petilla de Aragón recapitulaba acerca de sus amores literarios. Entre los clásicos romanos, ponía en la «cima de cabeza» a Horacio, «a pesar de sus veleidades epicúreas; sus libros son un tesoro de buen sentido y de depurado gusto literario». Se extendía en los clásicos españoles, donde mencionaba numerosas obras, entre ellas «*El conde Lucanor* de Juan Manuel; el *Romancero,* el poema del *Mío Cid,* la *Celestina,* el *Libro del buen amor,* de Juan Ruiz, el Arcipreste; las *Poesías* del Marqués de Santillana y, sobre todo, las incomparables novelas picarescas: *Lazarillo de Tormes, Estebanillo*

González, Marcos de Obregón, la *Pícara Justina* y otras muchas». No faltaba, por supuesto, el *Quijote,* pero me ocuparía demasiado continuar con la lista de sus preferencias. Sí diré algo de los libros extranjeros que mencionaba, pues allí deba preferencia a las obras de divulgación científica: «Citemos sólo tres autores que, además de sabios, son exquisitos expositores populares: Eddington *(Estrellas y átomos),* Boutaric *(La Physique moderne et l'electron)* y Jeans *(El universo que nos rodea)».*

Y finalizaba el libro con las siguientes recomendaciones:

> No aconsejo a provecto los libros de filosofía y de crítica religiosa, disconformes con sus íntimos anhelos e inveteradas convicciones. Ciertamente, las obras cuyo espíritu y tendencia estén en desacuerdo con su credo no lo persuadirán; pero acaso turben su tranquilidad y conmuevan sus esperanzas de ultratumba. Empero, tal recomendación parece redundante. A los setenta y cinco años, y mayormente a los ochenta, las conversiones son imposibles; el cerebro ha cristalizado definitivamente en una estructura y una ideología invariables.

CAJAL Y ORTEGA Y GASSET

Las páginas precedentes ya dan idea de la intensidad y extensión con que Ramón y Cajal se insertó en la vida cultural española, pero en realidad ofrecen solo una idea aproximada, pues incluyen únicamente unos cuantos ejemplos. De entre sus abundantes relaciones con los intelectuales contemporáneos que aún no he mencionado se encuentra la que mantuvo con José Ortega y Gasset, a quien muchos consideran la pluma y la inteligencia más aguda de la España de, cuando menos, la primera mitad del siglo XX, y que, siempre alerta ante las grandes novedades de su tiempo, tuvo a Cajal en gran estima, como también la tuvo este de aquel. Semejante admiración mutua se manifiesta en las cartas que ambos se intercambiaron. En la, acaso primera, que Cajal envió a Ortega, probablemente en 1916 (no está fechada), pues hace referencia a *El Espectador,* que el filósofo comenzó a publicar ese año, se lee:[49]

---

[49] Reproducida, al igual que las que siguen, en Fernández Santarén, *Santiago Ramón y Cajal, Epistolario, op. cit.,* pp. 649-652. Conservadas en la Fundación Ortega Marañón de Madrid.

Mi ilustre y querido amigo:

Doile las más cordiales gracias por el regalo de su precioso *El espectador*.

He leído parte de él y espero consagrarle aún un par de semanas. Contiene materia densa y jugosa que debe rumiarse con delectación y pide larga y concienzuda digestión.

Ha conseguido V. crearse un estilo personalísimo, nervioso, de frases aceradas, concisas y rebosantes de sentido. En este primor de forjar frases gérmenes deja V. muy atrás a Gracián y Montaigne.

Y luego ¡cuánta cultura literaria y filosófica y qué fino instinto de penetrante observador!

Por cierto que encuentro algunas coincidencias —muy honrosas para mí— (hasta en ciertas comparaciones) entre el espíritu de su obra y el de una mía, infinitamente vulgar, actualmente en prensa en la imprenta de Moya, intitulada *Pensamientos y confidencias*.

¡Cuánta envidia le tenemos a V. los que por imperio del destino vivimos amarrados a la cadena del especialismo científico y sentimos, como ciertas obreras de hormigas, gérmenes de alas que no pudieron desarrollarse!

Por los buenos ratos pasados y las sugestiones cosechadas al leerle —y aludo también a muchos artículos periodísticos— le reitera las gracias su rendido amigo y admirador.

El 15 de abril de 1919, Cajal envió a Ortega algunos de sus libros, «los menos técnicos» salidos de su pluma, con la siguiente instrucción: «No para que V. los lea —en ellos nada podría V. aprender— sino como muestra de tal deseo, y además a guisa de homenage a su hermosa obra de propaganda cultural y depuración política, y a sus primorosos y originalísimos estudios filosóficos». Uno de los libros era *Reglas y consejos sobre investigación,* que había escrito, confesaba, «con el designio de arrastrar a nuestra juventud universitaria, harto distraída, hacia el tajo fecundo de la indagación científica».

El 29 de abril, Ortega le respondía con una carta en la que se sinceraba al mismo tiempo que mostraba el profundo respeto y admiración que sentía por Cajal:

Mi respetado amigo:

En una hora de desánimo me llega, inesperada y alentadora, su generosa carta. Mejor que nadie podrá usted comprender el efecto corroborativo que me ha hecho si recuerda aquellas horas de íntima y dolorosa soledad sesgadas por su juventud. En efecto, sólo con alientos como éste, espléndido, que de usted se derrama hacia mí, es posible persistir en una empresa tan problemática como es esta que llevamos usted en su más alta zona; yo en la mía, de más baja latitud: obtener que los españoles lleguen a ser un poco más inteligentes, más sensibles, más pulcros.

Conocía de antemano estas dos obras suyas que ahora, con honores principales, hacen su ingreso en mi biblioteca. Creo poseer todas sus obras mayores, incluso la ya escasa en el mercado *Estudios de la degeneración y regeneración del sistema nervioso*. Profano en ciencias biológicas, soy de ellas un tremendo curioso y procuro leer cuanto se acerca a mi mano sobre tales asuntos. Creo firmemente que la nueva centuria se caracterizará por una centralización del pensamiento en el problema vital.

No merecen mis menudas producciones ese benévolo alcance a que usted me invita. Reitero, sin embargo, el envío que, conforme fueran saliendo a la luz, le había ya hecho. Son, a lo sumo[,] escantillones sin valor de una obra que por ahora podría comenzar. No he querido adelantar publicación ninguna de carácter rigurosamente filosófico, resuelto a aguardar la hora de la relativa madurez, en que nuestro pensamiento de hoy corre menos riesgo de ser abolido no más tarde que mañana. Ahora vivo en ello, y, si la salud, que me empieza a faltar, no me detiene, espero poder enviarle pronto algún trabajo que me avergüence menos.

Tiene usted razón: manteniendo los rangos y las distancias deberíamos conocernos mejor. Sobre todo en lo que toca al específico problema español, yo sospecho que muchos llevamos dentro un idéntico y amargo secreto que es un deber comunicarnos.

Si algún día tiene solaz humor para concederme un rato de su conversación, yo me apresuraré a saborearlo.

Con todo el respeto, la admiración y la gratitud, soy de usted amigo ferviente y un s. s. q. e. e. s. m.

José Ortega y Gasset

Otra carta muy interesante es la que el maestro escribió a Ortega el 13 de julio de 1934, esto es, cuando le quedaban muy pocos meses de vida:

Mi admirado amigo:

Recibí con el consiguiente placer el obsequio de sus libros. Conocía ya la *Revista de Occidente* así como la obra filosófica y científica lanzada por ella. Poseo asimismo el libro fundamental de V. *La España inver-tebrada.* En cambio desconocía el libro sobre Goethe; formará parte del lote destinado a ennoblecer m[i]s vacaciones estivales (Escorial).

La obrita mía en vías de impresión, a que V. alude [se refiere a *El mundo visto a los ochenta años*] no pasa de ser un pasatiempo de viejo desengaña-do, que cuenta sin amenidad sus impresiones de provecto. Júzgolo un fracaso. A nadie interesa el dolor ageno ni la adivinable opinión del anciano que enjuicia el hoy con el criterio del ayer. Bien que yo hago justicia a los grandes progresos mo-dernos así en el campo de la ciencia como en el de algunas costumbres. Solamente me enfada el ses-go tomado por el arte que se insurrecciona contra su misma esencia. Valga por lo que valiere y aun-que me resulte, según temo, una historia clínica desabrida y aburrida el primer ejemplar que va la luz será para V.

Yo sigo trabajando en mi tajo científico pero siento demasiado el peso de mis 82 años y la cre-ciente flaqueza de mi retentiva. A pesar de todo voy a reeditar mi obra agotada *Histología del sistema nervio-so del hombre y vertebrados,* el fruto de 40 años de traba-jo encarnizado. Me obligan a ello, el que no se co-nozca en muchos laboratorios de nueva creación, y la obligación de salvar para España algunos millares de descubrimientos de mis discípulos y míos.

Deseándole felices vacaciones fuera de esas regiones ingratas que, una vez enriquecidas, desean separarse de Castilla, le envía un abrazo emocionado su viejo amigo y admirador.

S. Ramón Cajal

Es, como vemos, una carta muy interesante, que muestra, junto a las anteriores, el respeto mutuo que se tenían estas dos grandes figuras de la ciencia y la cultura hispanas. Entre los detalles a los que alude Cajal se encuentra el que conocía bien, parece, la *Revista de Occidente,* aunque nunca publicó en ella. Es de notar, asimismo, el rechazo que mostraba al arte moderno —«me enfada el sesgo tomado por el arte que se insurrecciona contra su misma esencia»—; tal vez estaría pensando en estilos como, por ejemplo, el cubismo, asociado al nombre de otro gran español, Pablo Picasso. Y no se olvide la alusión a «esas regiones ingratas que, una vez enriquecidas, desean separarse de Castilla».

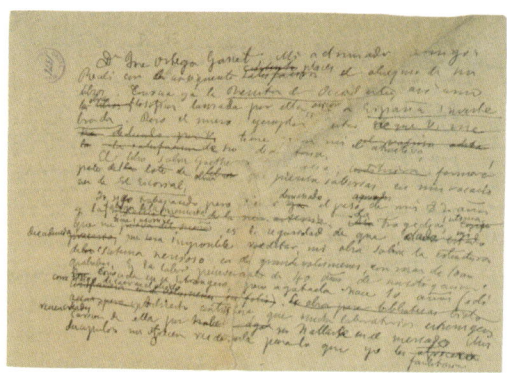

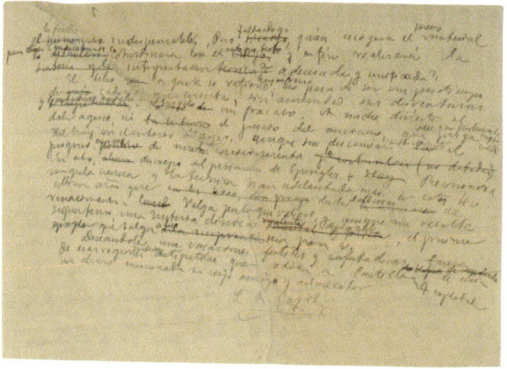

Borrador de la última carta que Cajal envió
a José Ortega y Gasset.

OTROS ENCUENTROS LITERARIOS DE CAJAL: EMILIA PARDO BAZÁN, CONCHA ESPINA Y RAMÓN PÉREZ DE AYALA

El prestigio de Cajal hizo, como es natural, que recibiese peticiones de recomendaciones. Una de ellas provino de una de las glorias literarias de la época: Emilia Pardo Bazán, quien ya apareció brevemente a propósito de sus ideas contrarias a la evolución darwiniana. El 10 de abril de 1912, la condesa escribió a Cajal la siguiente carta:[50]

> Mi ilustre amigo:
>
> V. no tiene aún voto en la Academia [seguía siendo solo electo]; pero… lo tiene ante Europa. Y su voto de V. merece, con el peso dulce de la gratitud, el ya magno caudal de respeto y simpatía que siempre tuve para su nombre y persona, glorias de España. Viva Vd. mil años para honrarnos, y créame su buena sincera, invariable amiga.
>
> La Condesa de Pardo Bazán

---

[50] Reproducida en García Durán Muñoz y Alonso Burón, *Cajal. Escritos inéditos II, op. cit.,* p. 194 y en Fernández Santarén, *Santiago Ramón y Cajal, Epistolario, op. cit.,* p. 654. Conservada en el Legado Cajal-CSIC.

Sr. Dn. Santiago Ramón y Cajal

10. 4. 912

Mi ilustre amigo:

V. no tiene aun voto en la Academia;
pero ... lo tiene Vd. ante Europa.
Y su voto de V. acrece, con el
sabor dulce de la gratitud, el
ya magno caudal de respeto
y simpatía que siempre tuve
para su nombre y persona, gло
más de España.

Viva Vd. mil años para
honrarnos, y créame su buena,
sincera, invariable amiga,
La Condesa de Pardo Bazán

129

Es prácticamente seguro que lo que doña Emilia quería era la recomendación de Cajal para entrar en la Real Academia Española, deseo que, desgraciadamente, no logró.[51] Puede que esta carta respondiese a otra, perdida, de Cajal en la que le dijese que él no tenía voto en la RAE.

Pero los elogios de Pardo Bazán a Cajal deben ser matizados un tanto si se lee el artículo que ella publicó el 19 de noviembre de 1906 en *La Ilustración Artística* (p. 746). Titulado «La vida contemporánea», el artículo en cuestión —que no se limitaba a hablar de Cajal— celebraba con alegría, es cierto, el que acabara de recibir el Premio Nobel, pero contenía comentarios, digamos, «peculiares» sobre el histólogo, que parecen implicar que la gran escritora no reconocía su verdadera, profunda, singularidad en la historia de la ciencia, española y universal. Los cito:

> Ramón y Cajal es el primer sabio popular en España (si exceptuamos al brujo y nigromántico marqués de

---

[51] El «episodio» de la Real Academia Española se analiza en Isabel Burdiel, *Emilia Pardo Bazán* (Madrid, Taurus, 2019), pp. 559-571 («Honores, deshonores y obsesiones. El muro de la Academia»).

Villena y al flamenco Juanelo Turriano). Los demás sabios propiamente dichos que en España existieron, trabajaron solitarios en su gabinete, sin el ambiente de simpatía de la juventud, sin el ardoroso aplauso de la muchedumbre. El eminente histólogo ha tenido el privilegio de romper esta tradición de indiferencia letal. […]

Sin género de duda Cajal no es el único español digno de recoger homenajes: antes que él han existido otros, no diré que muchos, pero suficientes a demostrar que la raza no es enteramente inepta para las altas indagaciones científicas. Pero en Cajal se ha concentrado y simbolizado la aspiración española (tardía, confusa, medio inconsciente) a no carecer de esa capacidad, a no ser relegada a un grado inferior entre las mentalidades europeas y latinas. No creo aventurado afirmar que los admiradores de Ramón y Cajal —y para que nadie se ofenda me incluyo en el número— no *sabemos* por qué le admiramos; es decir, no nos sería fácil penetrar en el fondo de su labor y aquilatarla en su valor relativo, pues en este caso conoceríamos tanto como él.

Otra petición de ayuda que llegó a Cajal, esta con respecto al Premio Nobel de Literatura, procedió de Reigin Fridholm, traductor al sueco de algunos autores españoles, entre ellos Concha Espina y Miguel de Unamuno. La campaña en favor de doña Concha comenzó a raíz de la publicación en sueco de la novela social de Concha Espina sobre los mineros de Asturias, *El metal de los muertos* (1920) —*De dödas metall* (1925)—, que apareció con un prefacio de Anders Österling, miembro de la Academia Sueca, y con dedicatoria, «desde el suelo castellano», a Selma Lagerlöf, que ya había obtenido el Nobel. El 30 de agosto de 1925, Fridholm escribió a Cajal desde Örnsköldsvik (Suecia) solicitando su apoyo:[52]

Ilustre señor, glorioso maestro:

Mi devoción a España y a su literatura me animan a suplicarle una merced: su apoyo al movimiento iniciado desde todas partes del mundo a favor de la candidatura de Concha Espina para el premio Nobel, literario.

El nombre luminoso de Vd., ya conocido con todos los laureles, no puede faltar en este caso entre las valiosas adhesiones que vienen de España

[52] Esta y las cartas que siguen se reproducen en Fernández Santarén, *Santiago Ramón y Cajal, Epistolario, op. cit.,* pp. 620-622. Conservadas en la Biblioteca Nacional de España.

en honor de Concha Espina, la escritora sublime a quien Vd. como gran caballero feminista, que tan bellas cosas ha dicho de la mujer, tiene que dar su voto inapreciable. Solamente dos renglones suyos para la Academia Sueca serían un enorme beneficio en esta campaña de justicia que por serlo me apasiona, y a la cual desde aquí contribuyo con verdadero entusiasmo. Traducida a todos los idiomas y presentada por artistas y profesores extranjeros, Concha Espina tiene ambiente en Estocolmo y probabilidades de vencer si le asiste, como es de esperar, la adhesión de los grandes hombres de España.

Vd. es el primero en la Ciencia y es también un exquisito artista: envíe su petición y dispense a su admirador desconocido que se ofrece a su mandato con todo fervor.

Cajal le respondió el 15 de septiembre con una breve carta en la que decía: «[...] desgraciadamente, mi edad y sobre todo mi mal estado de salud me impide leer y menos obras de carácter literario. De todos modos, procuraré hacerme con algunas obras de D.ª Concha Espina para formar juicio si lo consiente mi supina incompetencia en este asunto». Finalmente,

Cajal apoyó la propuesta. El 26 de octubre de 1925 escribió (en francés) al profesor Henrik Schuck, presidente del Comité Nobel de Literatura:

> En mi condición de académico (Academia Española de la Lengua) me permito proponer al Comité Nobel Sección de Literatura a doña Concha Espina, autora de un gran número de novelas muy apreciadas en el extranjero (*El metal de los muertos, La esfinge maragata, Altar mayor,* etc., etc.).
>
> Además, es una excelente periodista.
>
> Sus libros están traducidos al inglés, alemán, francés, sueco, etc.

Y añadía los nombres de algunos suecos que «conocen bien la obra de Concha Espina».

El mismo día, Cajal escribía a Espina:

> Mi admirada y querida amiga:
>
> Acabo de enviar a Suecia mi propuesta a favor de V. apoyándola no sólo en mi modesta opinión, sino principalmente con el dictamen autorizado de los admiradores y traductores que posee V. en el extranjero.

Deseándole un éxito lisongero, le es muy grato ponerse a sus órdenes y declararse su ferviente amigo y devoto admirador.

S. R. C.

Sin embargo, la empresa no tuvo éxito. Según los archivos de la Fundación Nobel, en 1925 Concha Espina no recibió ninguna nominación; sí en 1926, cuando fue propuesta por Georges Cirot, Arturo Farinelli, Ricardo León y Jacinto Benavente. Sorprendentemente Cajal no figura entre los nominadores, posiblemente porque en 1925 su propuesta llegara tarde; en 1926 el galardón lo obtuvo la italiana Grazia Deledda, que no había recibido ninguna nominación. Doña Concha fue propuesta nueve veces al Nobel.

A pesar del fracaso de la «operación», la relación entre Cajal y Espina se mantuvo. Ejemplo en este sentido es la carta que el histólogo envió a la novelista el 28 de julio de 1926:

Mi admirada D.ª Concha Espina:

Mil gracias por el precioso regalo de su novela (*Altar mayor*).

Convaleciente de un grave ataque de hígado, que me ha postrado en cama cerca de dos meses sin permitirme leer su novela, ha sido el encanto de mi muger que, aunque enferma también y en cama con una trombosis, encuentra en la lectura suave lenitivo a su dolor. Sólo ha deplorado el trágico final de la heroína. Mas, ¡qué remedio!, la vida es triste y hay que reflejarla como es.

Ahora me tocará a mí leerla. Por las paginas saboreadas veo que ha trocado V. el solar montañés por el asturiano (que ha sido coto cerrado de Pérez de Ayala) y que como siempre revela V. condiciones excepcionales de estilista, de sensibilidad aguda y un espíritu de observación perspicacísimo.

En espera de aspirar el perfume de todas las flores esparcidas por su obra, le envío con las más cordiales gracias un saludo lleno de admiración y fraternal afecto.

Con Ramón Pérez de Ayala, al que mencionaba en la anterior carta, Cajal también mantuvo alguna relación. En una de las cartas localizadas, de fecha 7 de mayo de 1926, Cajal mostraba un fino juicio literario:[53]

---

[53] *Ibid.*, p. 657.

Muchas gracias por el regalo de su hermoso libro *Tigre Juan*. Ha pintado V. unos tipos originalísimos y profundamente humanos. Son algo así como fuerzas naturales desencadenadas, instintos indómitos, frutos silvestres llenos de jugo y sabor del prolífico terruño asturiano. Ha buceado V. hasta la raíz misma del inconsciente (que la civilización oculta y deforma) y ha expresado V. cual perspicaz psicólogo las reacciones [?] de su protagonista enfrente de las arbitrarias conveniencias de la civilización.

Y todo ello exornado con un castellano prócer, suelto, rico y matizado y un estilo natural y preciso; de ese estilo sencillo que tanto trabajo suele costar aun a los más fecundos escritores.

Si yo fuera crítico le daría un consejo: que de vez en cuando abandonara V. el ambiente asturiano para forjar caracteres universales. ¿No teme V. encerrarse como Pereda en ámbitos angostos del novelista provincial, V. que tiene alientos para las mayores empresas?...

Le envía un abrazo henchido de admiración sincera, su consecuente y devoto amigo.

LOS SUEÑOS DE CAJAL. CONTRA FREUD

Alerta e interesado por casi todo, Santiago Ramón y Cajal hizo introspección recopilando sus sueños. En cierto sentido, siguió camino parecido al de Sigmund Freud, que, bajo el ejemplo del neurólogo francés Jean-Martin Charcot, pasó de la práctica de la hipnosis a fundar el psicoanálisis; en el caso de Cajal, del interés que mostró en su época de catedrático en Valencia en la práctica de la hipnosis pasó a, simplemente, tratar de analizar sus sueños. No obstante, hay que señalar que Cajal no aceptó las soluciones, las teorías de Freud, del que conservaba en su biblioteca personal dos libros: *Psicopatología de la vida cotidiana* (Madrid, Biblioteca Nueva, 1922) y *La interpretación de los sueños* (Madrid, Biblioteca Nueva, 1923).

En el capítulo IV, «Las traiciones de la memoria senil», de *El mundo visto a los ochenta años,* también se ocupaba, aunque de pasada, de este asunto:

> Ni en el ensueño nos abandona [la memoria]. Con ayuda de la fantasía creadora, reaviva en las tinieblas de lo subconsciente imágenes borrosas, próximas a extinguirse, proyectándolas a menudo en las incohe-

rentes y fulgurantes alucinaciones del ensueño, que, pese a Freud y a algunos autores impregnados de misticismo, escapa a toda explicación racional.

Y añadía la siguiente nota a pie de página: «Véase Cajal: *Las alucinaciones del ensueño*. Trabajo incompleto, pero en vías de refundición y ampliación. En este estudio se analiza en síntesis el contenido y significación de miles de ensueños, cuidadosamente registrados». Y es que, efectivamente, Cajal tuvo la intención de publicar un libro sobre los sueños, pero nunca lo hizo.

Existieron, parece, tres manuscritos acerca del tema, pero se perdieron durante la Guerra Civil. Trataban de: «Ensayos sobre el hipnotismo, el espiritismo y la metafísica», «Los ensueños: críticas de las doctrinas explicativas de los mismos», y «Los sueños».[54] El último era continuación del artículo, «Las teorías sobre el ensueño», que publicó en 1908 en la *Revista de Medicina y Cirugía de la Facultad de Madrid* (vol. 3, pp. 87-98).

---

[54] Información procedente de la extensa «Introducción» del libro *Los sueños de Santiago Ramón y Cajal*. de José Rallo Romero, Francisco Martí Felipo y Miguel-Ángel Jiménez-Arriero, Madrid, Biblioteca Nueva, 2914, p. 14.

Aunque no hayan sobrevivido los anteriores escritos, sí lo han hecho las anotaciones de 103 sueños del propio Cajal, junto a algunos que le contaron su nieta y otras personas, y que se han publicado en el libro indicado en la nota anterior, *Los sueños de Santiago Ramón y Cajal*. Citaré, a modo de ejemplo, algunos de los que aparecen en él:[55]

> Me encuentro en una imprenta corrigiendo pruebas de un libro sobre la regeneración[.] [coma en el original] Hallo que faltan muchas letras, que faltan proposiciones, que se han corrido sílabas de una línea a otra. Me asombro e indigno de tantas erratas.
>
> Incongruencias. No corrijo pruebas de un libro en curso de impresión, sino de un libro impreso y vendido ya, y por añadidura traducido al inglés. Mis correcciones no tienen, pues, objeto. Además el libro, del cual no deseo hacer una nueva edición se imprimió hace 12 años. Me despierto.
>
> Fuerte dolor de cabeza por la sofoquina al comprobar los errores ya inevitables. Estoy en Jaca.
>
> No se explica por Freud.

---

[55] *Los sueños de Santiago Ramón y Cajal, op. cit.,* pp. 381, 383, 402-403, 414.

Aquí no hay sino una reminiscencia de acto anterior con deformaciones.

Me figuro que estoy en la imprenta de Pueyo, donde no se tiró el libro. Nueva incongruencia.

Excursión lejana en busca de hormigas con varios naturalistas. Estudio del [---] bárbara con empeño de ver si es agrícola. Sed devoradora. Se hace la merienda y no tenemos sino vino. Deseo de beber agua. Acude un pastor con una jarra llena de agua turbia. Díceme que la ha recogido en una balsa frecuentada por el ganado. Repugnancia a beberla y por tanto más sed.

La sed me despierta y bebo agua (4 de la mañana).

Causa ocasional: había leído las hormigas cosecheras en Boubier, «Le communisme chez les insectes», parís *[sic]* 1926.

Causa predisponente: mis estudios sobre las hormigas y el calor del sol para mí en Mayo. Esto suministró los datos sensoriales combinados.

29 de mayo de 1929

Estamos en un teatro o paraninfo. Reunión de Sociedad de Naciones. Voy de oyente con [Blas] Cabrera. Al salir salimos con [Amalio] Gimeno que había hecho un bonito discurso. Me he dejado el gabán y entro a buscarlo. No lo hallo, pero hallo mi capa. Estamos solos sin público los tres solos.

Me dicen trajo usted gabán y no capa. Sin embargo, la capa era la mía. Busco nuevamente el gabán sin resultado. Me despierto.

Incongruencia. No asisto a teatros ni reuniones y mal podía llevar capa ni gabán. Ambos quedaban en casa.

Causas: prensa con discursos Sociedad de Naciones. El haber leído el discurso de Amalio. Es un suceso real, solo que yo no estuve. Tampoco sé si asistió Cabrera.

No atino con la interpretación. Son las 3 y 3 de la mañana antes del veronal.

Lecturas Quevedo. El Gran Tacaño y teoría sueños Freud.

Miro una catedral en compañía de no sé quién y veo las piedras cubiertas (en grabado antiguo) de las Flores del Mal de Baudelaire. Ello me extraña.

- Transmutación. Me encuentro en la mesa del café y Azorín que realiza no sé qué encuesta, me alarga una cuartilla para escribir lo que se me ocurra sobre la muerte y el más allá. Yo me excuso. Mis ideas, replico, no son publicables. Trabajemos y dejémonos de teologías, harto pagadas. Lo que urge es que [---] confianza a fuerza de discreción y laborio-sidad y sobre todo creando ciencia o industrias ori-ginales, versos, novelas y cuadros lo hacen todos; lo que no hacen sino los pueblos próceres es colaborar en el conocimiento de la naturaleza. Esta es la sola ejecutoria que se respeta. Todo lo demás son puros entretenimientos.

- Causa: yo había leído la biografía de Baudelaire.

Conocedor del interés de Cajal por los sueños, Gregorio Marañón le escribió en mayo de 1926 una carta en la que mostraba su deseo de dar a conocer a un público amplio las ideas de Cajal sobre los sueños:[56]

Querido Don Santiago, Hace ya tiempo le hablé a V. solicitando su colaboración para la colección de los Cuadernos de Ciencia y Cultura que se propone pu-blicar La Lectura, y de cuya dirección estamos encar-gados Eugenio d'Ors y yo. Sus trabajos y preocupa-ciones nos obligaron a renunciar al Cuaderno sobre

[56] Reproducida, al igual que el borrador de la respuesta que sigue de Cajal, en Agustín Albarracín, *Santiago Ramón y Cajal o la pasión de España,* Barcelona, Labor, 1978, p. 239. Esta carta se encuentra entre la correspondencia de Cajal depositada en la Biblioteca Nacional de España.

la Célula Nerviosa que en principio nos había V. prometido. En breve va a aparecer la primera serie de Cuadernos redactados por Ors, Ortega y Gasset, Sacristán, Fortún y yo, más una reedición de los Estudios Jurídicos de Dorado Montero y del libro de Carnot sobre las máquinas de vapor. No nos consolamos con la ausencia de su nombre de V., y por ello se nos había ocurrido, para no perturbar su trabajo actual, si a V. le parecería bien reeditar su trabajo sobre El Sueño, publicado hace años y poco conocido de las gentes de ahora. A pesar de su poca extensión haríamos con él un Cuaderno, bien en su estado original, bien retocado si V. prefiere hacerlo así.

Le escribo para no molestarle visitándole. Muy afectuosos recuerdos a los suyos, y esperando dos líneas de contestación le saludo su afmo amigo.

En el borrador de la carta de respuesta a Marañón (lleva la fecha del 5 de junio de 1926) que reprodujo Albarracín, Cajal escribió:[57]

Amigo Marañón: Sufro una racha patológica lamentable. Primeramente, una gripe, después una recaída grave de la misma y, por último, un cólico hepático.

---

[57] *Ibid.*

Me encuentro todavía muy débil, y sin humor para nada.

Déjeme pasar algún tiempo para ver si me repongo y vuelvo a encarrilarme.

El trabajo sobre el ensueño quedó incompleto, por suspensión del periódico. Es poca cosa para un folleto. Sería necesario, además, completarlo y modernizarlo algo, aludir a Freud y criticar algunas de sus aserciones más audaces. Porque en más de 500 sueños que tengo autoanalizados (sin contar con los de personas que conozco) resulta imposible comprobar, salvo rarísimos casos, las doctrinas del arriscado y un poco egolístico autor vienés, que me ha parecido siempre cual ocurre a la mayoría de los alemanes, más preocupados con la idea de sensacional, que con el deseo de servir austeramente la causa de la verdad científica.

Pero no es cosa de tratar ahora de estos extremos. Acaso pueda hacerlo más adelante. En todo caso, mi punto de vista en lo tocante al sueño es algo especial, consiste en el análisis de los caracteres subjetivos y objetivos de la alucinación del ensueño, cuyo aplastante realismo aparente constituye, a mi entender, uno de los fenómenos biológicos más arduos y extraordinarios.

Sabe le quiere de veras su antiguo amigo y compañero.

S. R. Cajal

Instituto Cajal
Paseo de Atocha, 13
El Director

Amigo Marañon:

Sufro una racha patológica lamentable. Primeramente, una gripe, despues una recaida grave de la misma y, por último, un cólico hepático. Me encuentro todavia muy debil y sin humor para nada.

Dejen VV. pasar algún tiempo, para ver si me repongo y vuelvo a encarrilarme.

El trabajo sobre el ensueño quedó incompleto, por suspensión del periódico. Es poca cosa para un folleto. Seria menester además completarlo y modernizarlo algo; aludir a Freud y criticar algunas de sus aserciones mas audaces. Porque en mas de 500 sueños que tengo autoanalizados (sin contar con los de personas que conozco) resulta imposible comprobar salvo rarisimos casos las doctrinas del arriscado y un poco egolátrico autor vienes que me ha parecido siempre cual ocurre a la mayoria de los alemanes mas preocupado con la idea de fundar una teoria sensacional, que con el deseo de servir austeramente la causa de la verdad cientifica.

Pero no es cosa de tratar ahora de estos extremos. Acaso pueda hacerlo mas adelante. En todo caso, mi punto de vista en lo tocante al sueño es algo especial: consiste en el análisis de los caracteres subjetivos y objetivos de la alucinación del ensueño, cuyo aplastante realismo aparente constituye, a mi entender, uno de los fenomenos biológicos mas árduos y extraordinarios.

Sabe le quiere de veras su antiguo amigo y compañero.

Cajal

146

CAJAL Y GREGORIO MARAÑÓN

Cajal y Marañón mantuvieron una buena relación. Las cartas que se conservan de ambos así lo muestran. Dada la importancia de Marañón en la historia y cultura española de su tiempo, merece la pena citar algunas de las cartas que don Santiago envió a don Gregorio. La primera lleva fecha del 2 de marzo de 1928:[58]

Amigo Marañón: He recibido varios libros y folletos sobre EL BOCIO, EL PROBLEMA DE LA AORTITIS, TRES ENSAYOS SOBRE LA VIDA SEXUAL, etc. Por tan valiosos regalos, le envío las más cordiales gracias.

Los más interesantes, a mi juicio, son el estudio sobre EL BOCIO y el CRETINISMO, muy copioso en datos y avalorado por excelente crítica, y los magníficos ensayos SOBRE LA VIDA SEXUAL (del que ya había leído algo), los deportes, el feminismo, etc. Resplandece en estos escritos, además de un estilo sobrio, castizo y exento de polisarcia retórica, un valiente alegato respecto de los deberes del hombre

---

[58] Depositada, al igual que las que siguen, en la Fundación Ortega-Marañón.

147

y de la mujer, que no la mera y brutal satisfacción de sus instintos, sino la colaboración, según sus talentos y aptitudes fisiológicas, en la formación de una familia sana y educada y en la prosperidad cultural y económica de la raza. Siempre me ha parecido que los criterios feminista y hominista son ferozmente egoístas y en el fondo erróneos, porque hasta el interés bien entendido de la familia estriba en que, como Vd. dice, «el hombre sea muy hombre y la mujer muy mujer».

Me enorgullece mucho el haber adivinado hace 18 o más años, cuando Vd. presentó la memoria sobre el tiroides y glándulas paratiroideas —memoria de que fui el ponente en la sección anatómica de la Academia—, el brillante provenir científico de Vd. Mi juicio —también compartido por el malogrado Olóriz— fue sancionado por la Academia, que le concedió a Vd. el premio de Martínez y Molina. Tales pequeñeces, apenas dignas de memoria, representan estímulos preciosos para el joven, que cobra confianza en sus fuerzas y se lanza briosamente al trabajo.

Yo ando cada día peor de salud y amaino mucho en mi labor del Laboratorio. Casi mi única distracción es ya la lectura.

Por si no tiene Vd. las últimas ediciones de mis libros pseudo-literarios le envío mis RECUERDOS, mis CHARLAS DE CAFÉ (3ª edición) y mis RE-GLAS (6ª edición). El texto de todos estos trabajos ha sido, en lo posible, mejorado y corregido.

La segunda carta de Cajal que citaré data del 23 de 1929, y el maestro la escribió desde Sigüenza:

Muy estimado amigo y compañero:

He recibido su precioso y bien documentado li-bro *Manual de las enfermedades del tiroides.* Y hace días en Madrid cuando preparaba mi viaje a Sigüenza fui también gratificado con su librito, esencialmente objetivo, escrito en colaboración con sus discípulos, *Trabajos del Servicio de Patología Médica,* etc., y casi al mismo tiempo el magno tratado de Pavlov sobre los *reflejos cerebrales condicionados.* De esta obra que re-mití al Laboratorio (donde Lafora y Castro, entre-gados a investigaciones fisiológicas sobre el sistema nervioso, hallarán muchas sugestiones para sus es-periencias) primorosamente prologada por V. acusé recibo al editor a quien encargaba un saludo cariño-so para V.

Atraviesa V una fiebre de actividad supraintensiva, polivalente y fecundísima. Asombra como puede V. atender conjuntamente con el servicio del hospital y su copiosa clientela, a tantos requerimientos periodísticos y lo que es más notable, que tenga V. tiempo para escribir prólogos y admirables libros de vulgarización científica henchidos de datos y de observaciones y críticas originales.

Al par que le agradezco sus obsequios, yo le felicito calurosamente por su inagotable capacidad de trabajo, en contraste con la mía, ya casi del todo agotada por la vejez complicada con añejos ataques.

¡Lástima grande que en época oportuna no haya V. ingresado en San Carlos, al frente de una especialidad (que podría haber sido la de Endocrinología), aprovechando el régimen de la triple propuesta como ingresaron Márquez, Asúa y Calatayud! Ya sé que V. no necesita un sillón de San Carlos para oficiar de maestro; pero la Facultad de medicina le necesita a V. Se reproduce en V. el mismo caso, todavía agravado del Dr. Federico Rubio que, habiendo nacido para maestro, no pudo alcanzar una cátedra, a despecho de sus amigos y admiradores, cuando subsistía todavía el turno de eminencias consignado en la ley y de que se benefició D. José Echegaray, con aplauso de la Facultad de Ciencias.

Y hablando de otra cosa: Puesto que prepara V. una nueva edición del *mito de D. Juan,* yo le aconsejaría a V., si decide ocuparse de los tenorios reales para contrastar la verisimilitud de las creaciones literarias, la lectura de Steckel (*Onania und homosexualismus,* 1923). En este libro se contiene una teoría del D. Juan afeminado que tiene cierto parentesco con la de V. No olvide V. tampoco a Casanova y a los libros franceses publicados estos últimos años sobre *la vida amorosa de los grandes hombres* (Como apéndice podría V. escribir un estudio de los Don Juanes que abundan más de lo que se cree.)

Pero huelgan estas recomendaciones, tratándose de persona tan culta y curiosa como V. Todos estos y muchos más libros habrán sido ya consultados por V.

Para los artículos psiquiátricos puede V. disponer de la biblioteca de mi Laboratorio, acaso la más importante de Madrid en Revistas psicológicas y de patología mental.

Y pidiéndole perdón por estas oficiosidades y charlas enfadosas —muy propias de viejos desocupados— y esperando poder cambiar con V. en Madrid algunas ideas sobre el donjuanismo, que estudié en mis años de vida militar (con los burgueses ricos, los militares son, antes de llegar a comandantes, fundamentalmente conquistadores, porque gozan del recurso precioso de la translación en caso de peligro matrimonial), le reitero la expresión de mi gratitud.

Le envía un cariñoso saludo su amigo y compañero que le admira.

S. R. Cajal

Finalmente, Marañón consiguió la cátedra que deseaba y merecía. Y Cajal le felicitó por ello el 3 de agosto de 1931:[59]

Mi estimado amigo y compañero:

De todo corazón le felicito por el justísimo nombramiento de catedrático de *Endocrinología*. No me ha sorprendido mi don de profecía. Recordará Vd. que en una carta escrita hace 8 o 10 meses señalaba yo la necesidad inexcusable de que se creara esa enseñanza y que fuese Vd. el titular, considerando lo firme de la vocación y la cuantía y valor científico de los trabajos originales consagrados por Vd. a dicha especialidad. El asunto se ha resuelto mejor de lo que yo pensaba pues le han ahorrado a Vd. la labor, no siempre grata, de allegar votos para la triple pro-

[59] Reproducida en Fernández Santarén, *Santiago Ramón y Cajal, Epistolario, op. cit.,* p. 265. Conservada en el Legado Cajal-CSIC.

puesta (Academia, Facultad de Medicina y Consejo), procedimiento harto dilatorio, seguido para nombrar a otros profesores de especialidades. Que yo sepa la honra recibida por Vd. no tiene en los tiempos modernos más que un precedente: el de D. José Echegaray.

Reiterándole mi cordial enhorabuena, sabe le quiere y le admira su viejo y achacoso amigo,

S. Ramón Cajal

SANTIAGO RAMÓN Y CAJAL, ACADÉMICO ELECTO SEMPITERNO DE LA RAE

Ya señalé que Cajal fue elegido en 1905 miembro de la Real Academia Española. Su candidatura, para cubrir la vacante producida por el fallecimiento de Juan Valera (sillón I), fue presentada el 4 de mayo de 1905 por el político Francisco Silvela, José Echegaray y el abogado, editor y ensayista Mariano Catalina. «Los académicos que suscriben», se lee en su escrito, proponen al «Excmo. Señor D. Santiago Ramón y Cajal, cuyos estudios y alta reputación científica son notorios entre propios y extraños, y que con aplauso público ha dado muestras relevantes de cultivar y manejar con elocuencia el habla castellana».[60] Fue elegido, «por unanimidad», en la Junta de 21 de junio de 1905.[61] Sin embargo, nunca llegó a tomar posesión de su sillón al no leer el preceptivo discurso de entrada. Se hicieron varios intentos para que se decidiera a cumplir ese trámite, pero fueron vanos. ¿Cuál fue la causa? Cajal siempre esgrimió la falta de tiempo por exceso de ocupaciones, pero resulta difícil aceptar que una persona con la capacidad de trabajo que demostró el gran histólogo a lo largo de toda su vida, y con el interés que mostró, como hemos visto, por la literatura y la escritura, no fuera capaz de satisfacer semejante obligación.

Se sabe de algunos de esos intentos para que Cajal escribiera su discurso. Cuando era director de la RAE, Antonio Maura encargó al académico José Ortega Munilla que convenciera a Cajal. Este debió de escribir al maestro (su carta no se conserva) porque aquel le contestó el 2 de julio de 1921, esgrimiendo un buen número de razones y argumentos para justificar su retraso. «Tratándose de una corporación ilustre», escribía, «a la

---

[60] Archivo de la Real Academia Española.

[61] Libro de Actas, s nº 38, fº 67 v-68r. Archivo de la Real Academia Española.

154

que debo tantas y tan inolvidables atenciones, ¿cabe pensar siquiera en un aplazamiento deliberado de mis obligaciones hacia ella?».[62] Y él mismo se respondía:

Bien sabe Dios que no. Es que usted, como muchos de mis amigos, ignora mi situación. Voy a declararla: Padezco una arteriosclerosis muy avanzada. La hemorragia cerebral me ronda. Únicamente puedo trabajar por las mañanas, y eso cuando he dormido, fortuna que puedo conseguir a fuerza de «veronal» y de «adalina». Desconozco ya casi del todo el sueño natural, con sus saludables restauraciones energéticas y morales.

Solo instigado por el imperativo del deber y por mi decisión de morir en el surco recién abierto, explico mi cátedra diariamente, trabajo en el laboratorio, guío a varios discípulos escogidos en sus labores de inquisición científica y redacto tal o cual monografía técnica para mi revista *(Trabajos del Laboratorio de Investigaciones Biológicas)*. Y únicamente el deseo de dejar a mi familia algunos libros de *pan llevar* me ha obligado, durante este último semestre, a publicar la séptima edición de mi *Tratado de Histología* y la segun-

---

[62] Esta carta se reprodujo en la revista *La Esfera* del mismo 2 de julio y también se encuentra en Durán Muñoz y Alonso Burón, *Cajal. Escritos inéditos II, op. cit.,* pp. 227-228.

da de *Charlas* (convenientemente expurgada, saneada y aumentada), quisicosa que, por la bondad de ustedes los escritores amigos, ha tenido un éxito de venta inesperado e inmerecido.

Los trabajos se suceden como anillos de una cadena sin fin. Las obligaciones profesionales son para nosotros los viejos pundonorosos tiranía abrumadora. Ansío mi próxima jubilación como el preso la libertad. Entretanto, pongo mi esperanza de emancipación en el próximo verano. Entonces gozaré quizá del vagar necesario para documentarme algo y escribir el discurso.

Y concluía: «Pero veo que divago. Termino ofreciéndole formalmente que en cuanto tenga una clara de tiempo, y un poco de reposo mental, procuraré ponerme en regla con la Academia y con usted, a cuya buena amistad jamás podré corresponder como ella merece.»

Cinco años después, en 1926, la situación se hacía poco menos que insostenible: habían pasado más de veinte años desde la elección de Cajal y el discurso seguía sin leerse. En tales circunstancias el reglamento preveía que el elegido decayera en su derecho de ocupar su correspondiente sillón. En la junta celebrada el 7 de enero de aquel año, «el Sr. Cortázar manifestó que hay tres señores Académicos electos hace ya mucho tiempo que no han presentado sus discursos; que el Estatuto da un plazo para ello y si no que quede sin efecto la elección. En pro y en contra de esto hablaron varios señores Académicos y al fin se acordó que particularmente y con toda la consideración debida se les recuerde la negligencia y se vea si se logra que presenten sus discursos».[63]

Los académicos electos a los que se aludía eran: Cajal, Juan Vázquez de Mella (elegido para el sillón C el 21 de marzo de 1907) y Jacinto Benavente (sillón l, elegido el 17 de octubre de 1912).

Fue el médico Carlos María Cortezo, entonces presidente del Consejo de Estado, quien debió encargarse de comunicar a Cajal lo anómalo de su situación, a tenor de la carta que este le remitió el 9 de enero de 1926, en la que manifestaba que renunciaba a su condición de académico:[64]

---

[63] Libro de Actas de la RAE n.º 44, pág. 4. Archivo de la Real Academia Española.

[64] La relación de Cajal con Cortezo venía de antiguo y por eso tal vez fue este el elegido para intentar convencerlo de que escribiera su discurso. En sus *Recueros,* Cajal escribía: «Allá por el año 1900, don Carlos M.ª Cortezo, cuyas iniciativas en la Dirección de Sanidad nunca serán bastante encomiadas, fundó el Instituto

Mi querido amigo y compañero: La carta de Vd. tan franca, cariñosa y deferente como todas las suyas, me pone en el trance de explicar una actitud que considero, de acuerdo con la Academia y con Vd., poco airosa para mí.

Siempre pensé que la docta Corporación, prescindiendo de benevolencias y atenciones excesivas, acabaría por imponer sus acertadísimos preceptos reglamentarios. Y en el supuesto de que ya los había hecho efectivos, imponiendo justa sanción a los morosos o decrépitos, me consideraba desde hace años eliminado de la lista de los electos. No ha sido así por lo visto. La infatigable magnanimidad de la Academia parece rechazar todo acuerdo radical.

Para salir del atolladero, y puesto que yo soy el culpable, envío a la Academia mi renuncia de académico electo.

Nacional de Higiene de Alfonso XIII. Y tuvo conmigo la gentileza y la generosidad de nombrarme Director. No le arredró lo modesto de la cantidad consignada en presupuestos para la magna empresa, ni la ausencia de local apropiado, ni siquiera la penuria de especialistas españoles consagrados a los estudios bacteriológicos y seroterápicos. Pensó, quizás, que creada la función surgirían los órganos adecuados. Y no se equivocó en sus previsiones». A pesar de sus dudas, Cajal aceptó la dirección. Ramón y Cajal, *Recuerdos de mi vida*, *op. cit.*, pp. 305-306.

A continuación, intentaba justificar su decisión:

No se trata —huelga declararlo— de ingratitudes y desdenes que, dada la benevolencia y la majestad de la Academia, fueran en mí sentimientos casi monstruosos. Lo que me fuerza a parecer desatento y desconsiderado, es el lamentable estado de mi salud.

Y perdóneme que entre aquí en el terreno de las confidencias. Desde 1912 y acaso antes, se inició una *arteriosclerosis cerebral,* que ha venido agravándose. La hemorragia y la parálisis me rondan. Y esta amenaza me impide hablar en público, asistir a sesiones académicas, frecuentar teatros, casinos y tertulias, cultivar amistades y escribir para la prensa. Un rato de conversación cáusame intolerable cefalalgia. Hoy mismo para desplegar alguna pequeña actividad científica, tengo que soterrarme en la bodega de mi casa a temperaturas siempre inferiores en cinco o seis grados a las de la calle. Aun al Laboratorio acudo pocas horas, destinadas a alentar a mis discípulos y realizar algún trabajo rutinario; y eso a condición de que en mi cuarto no haya calefacción. ¿No ha reparado Vd. en que, muy a mi pesar, no asisto a la Academia de Medicina? Ni hay que olvidar que a mis 74 años, muy mal llevados, van acompañados de congestiones, mareos, amnesias y otros alifafes.

Claro es que, sobreponiéndome heroicamente a mis dolores, podría aun ilvanar *[sic]* premiosamente algún mediocre discurso.

Mas ¿para qué? Mi congestión cerebral permanente me vedaría asistir a las sesiones; y, francamente, ingresar en una Corporación tan prestigiosa como la Academia de la Lengua, para no prestarle ningún linaje de concurso, téngolo por informal y poco digno.

Ello acusaría, más que noble ambición, irrefrenable vanidad.

No, amigo Cortezo; quede mi vacante para persona más joven y menos fatigosa y senil; que yo harto tengo con emplear los últimos años o meses de mi vida en salvar para España, vertidos a lenguas extranjeras, muchos descubrimientos de mis discípulos y míos; porque, contra todo lo imaginado por nuestro candoroso optimismo, los sabios —no aludo a los artistas y literatos— ignoran casi todos el español.

Enseguida, el 13 de enero de 1926, Cortezo envió a Ramón Menéndez Pidal, como director que era de la Academia, esta carta de Cajal. Cortezo adjuntaba una misiva en la que explicaba a Menéndez Pidal que él tenía por cierto lo que había ocurrido: «[...] conozco bien a Cajal y sabía que, en cuanto se diese cuenta de la anómala situación de los señores electos *permanentes,* no se había de prestar a posturas de tan poco airosa explicación. Yo supongo que los otros dos señores enviarán sus discursos. Lo supongo y de todas veras lo deseo, dado que no están en las circunstancias efectivas de Cajal; pero sino *[sic]* lo hiciesen y optaran por renunciar, ¡váyanse en buen hora!, pues no hay para qué lamentar ausencias de quienes nos dan tan menguadas muestras de estimación y aprecio».

El día siguiente, 14 de enero, Cortezo volvía a escribir a Menéndez Pidal:

> Respetable Director y querido amigo: Cuando ayer envié a Vd. la copia de la carta de Cajal tenía el pensamiento de ir hoy a nuestra sesión habitual para apoyar la solución que a mí me parece que debiera darse al asunto; pero me encuentro empeorado del catarro y con tal temor al frío que no me atrevo a salir. Dejo pues a su buen juicio y al de los compañeros la resolución que deba darse acatándola y teniendo por cierto que será la mejor, aunque insisto en creer que, siendo sincera la resolución de mi admirado amigo Cajal, debiéramos admitirle la renuncia, cosa que nos colocaría en muy airosa situación respecto a los otros señores y a los compromisos justificados de los que pretenden colaborar en nuestros trabajos académicos.

Lo que haga Vd. y disponga, eso será lo que con gusto acate su siempre aftmo.

Aunque Cortezo no asistió al pleno de aquel día, sabemos que el asunto se trató en él:[65] «El Sr. Director», se refleja en el Libro de Actas, «leyó una carta del Sr. Ramón y Cajal en contestación a otra que le había dirigido el Sr. Cortezo en la cual el Sr. Cajal presentaba la renuncia de su cargo de Académico. A una voz y por aclamación, la Academia acordó no admitir la renuncia del Sr. Cajal y que el Director y el Secretario, en nombre de todo el Cuerpo, le escribiesen en el mismo sentido, rogándole de la manera más eficaz posible para que continuase en su condición de electo hasta que su voluntad y su estado de salud le permitiesen escribir el discurso. Que la Academia se consideraba harto honrada y servida con que el nombre del Sr. Cajal continuase figurando en la lista de Académicos. Que la moción del Sr. Cortezo fue cosa particular suya, y en este concepto debía el Sr. Cajal de considerarla para no mantener una decisión que tanto sentimiento causaría a la Academia».

---

[65] Libro de Actas n.º 44, pág. 7. Archivo de la Real Academia Española.

Cajal agradeció este gesto en una carta a Menéndez Pidal datada el 29 de enero de 1926. En ella encontramos, además, detalles del discurso que tenía en mente:[66]

Mi querido amigo y compañero.

Su amabilísima carta produjome gran satisfacción. Esa ilustre Academia siempre benévola con los abatidos por la tiranía del tiempo o el agotamiento del sobretajo, ha mostrado una vez más su inagotable tolerancia.

Tenga V. la bondad de dar en mi nombre las más sentidas gracias a sus magnánimos compañeros cuyo comportamiento para conmigo dejará en mi corazón inextinguible recuerdo.

¡Ojalá pudiera corresponder dignamente a tanta generosidad! Si las tareas abrumadoras que pesan sobre mi —trabajos de traducción y perfeccionamiento de libros y monografías españolas harto poco conocidas en el Extrangero— me dejan algún vagar escribiré; aunque solo sea por fórmula mi discurso de ingreso que versará probablemente «Sobre el estilo didáctico o científico». En mi oración, apar-

---

[66] Esta carta está depositada en la Fundación Ramón Menéndez Pidal, Madrid.

te algunos consejos sugeridos por mi ya larga experiencia de publicista haré hincapié sobre el crecimiento actual de galicismos, anglicanismos y aun germanismos con que los malos traductores deslustran, empobrecen y bastardean el tesoro de nuestro idioma, adecuado como el que más para exponer con precisión, claridad y elegancia desde los conceptos más abstrusos de la filosofía hasta las nociones más sencillas de las ciencias médicas y naturales.

Mas no quiero trazar programas ni formular vaticinios. Todo dependerá del estado de mi salud.

Reiterando a los ilustres académicos que tanto me han honrado con su acuerdo la expresión de mi profundo agradecimiento me es muy grato ofrecerle a V. la seguridad de mi cordial afecto y viva simpatía.

El asunto quedaba así zanjado. Menéndez Pidal debió de ser el primero en alegrarse. El 8 de febrero, escribía a Cajal informándole que había dado cuenta a la Academia de su grata y atentísima carta: «Todos agradecen mucho su buen deseo, y yo más que nadie. Ojalá, sin mermar V. el tiempo útil para sus trabajos, halle algunas horas libres para escribir un discurso de 25 minutos, que proporcione un día solemne a la Academia».

Sin embargo, nunca halló esas «horas libres».

S. Ramon Cajal

Apéndice

«LA NUEVA LITERATURA»

(Manuscrito autógrafo depositado en la Biblioteca de Ramón y Cajal de la Real Academia de Extremadura de las Letras y las Artes).[67]

---

[67] Este documento se reproduce en la tesis doctoral de Julio Salvador Salvador, «Santiago Ramón y Cajal: sinapsis entre ciencia y literatura. Reglas, consejos y cuentos», *op. cit.*, a quien agradezco que me facilitará su conocimiento.

Como colofón, reproduzco a continuación un escrito inédito de Cajal, en el que mostraba algunas de sus ideas y juicios literarios.

¿Cómo se escribe hoy? En general nuestros literatos más celebrados son instruidos, sutiles y más originales que los que leíamos en nuestra juventud. Sólo de vez en cuando, surge alguno, aquejado de la enfermedad de énfasis de las ingeniosidades preciosistas. [Eduardo] Gómez Baquero [(1866-1929), más conocido por su seudónimo, *Andrenio*], el ecuánime y malogrado crítico literario advertía algunos signos de este neoconceptismo, que ha cuajado, precisamente, en unos pocos talentos enamorados de la paradoja ingeniosa y de la concisa originalidad del estilo. El barroco ha pasado de moda en arte y literatura, Castelar y sus imitadores han sido olvidados.

En principio, no es vituperable semejante tendencia a la concisión elegante y a la pesquisa de nuevos modos de expresión, tan caros a D. Manuel Bueno [Bengoechea (1874-1936)], el maestro de periodistas. Denota honradez intelectual, repudio de tópicos manidos, afán de sobresalir y de crearse una fisionomía literaria inconfundible.

Algunos abusan del neologismo y caen en el error del preciosismo y del conceptismo. Estos tales, escudriñan diccionarios y revistas extranjeras, imitan y asimilan sutilezas de ciertos literatos franceses y tratan, ante todo, de crearse un estilo personalísimo. Y no reparan ni en neologismos ni extranjerismos. Estos exquisitos, un prosador sin estilo, idólatra de la forma periodística común, clara y corriente, les inspira desdén incontenible.

Está bien, pero estos refinados estilistas ¿han pensado en la preparación intelectual de sus lectores probables, es decir, en el gran público que lee y paga? ¿Cómo no advierten que los novelistas más celebrados y opulentos son quienes, sin caer en vulgaridad escriben el castellano como lo escribía Alarcón, Pereda, Galdós, y a veces, el culto y refinado Valera?

Escribir hoy como D. José Ortega, Unamuno y el clásico pero conceptuoso Gracián es condenarse al aplauso ferviente, pero económicamente insuficiente, de un grupo de espíritus selectos, aspirantes a oficiar en el templo del modernismo literario. Porque la envidia, como ha insinuado Madariaga y lo prueba toda nuestra historia literaria, es una pasión estrictamente y tradicionalmente española.

Estos escritores que van a caza de metáforas como el naturalista a caza de mariposas; que gustan, como Goethe, de internarse en los bosques para captar algún símil inédito, quedan sorprendidos al advertir como Palacio Valdés, Blasco Ibáñez, Pedro Mata, Azorín y otros muchos, saborean las miles del éxito lisonjero, con solo observar bien, escribir correctamente y relatar episodios o sucesos interesantes y quedan atónitos al notar como Pío Baroja, enemigo jurado de la retórica, desdeñoso de los clásicos, sobrio de epítetos, de metáforas y símiles, audaz a veces y apasionado en sus juicios, ha logrado la fama y la fortuna, con solo recolectar hechos inéditos y sucesos interesantes, y mostrar una independencia política y filosófica casi desconocida en España.

Y cosa más rara, ha granjeado aplausos de la crítica, aun de la más severa y melindrosa. El interés, he aquí el secreto del renombre de los grandes novelistas… Porque el gran público desea emoción y no doctrina, que le hagan pensar sin fatigarle con doctas y sonoras parrafadas.

Por otros caminos, también Unamuno, españolista sin tacha y sin miedo, ha logrado empleando una prosa hora de retórica, pero rebosante de pensamiento concentrado y de profundo fervor religioso, remover rutinas, sembrar inquietudes, señalar caminos, y algo más grato y envidiable, rebasar las fronteras para ser incluido en el selecto elenco de los grandes escritores y pensadores de España, que para conmover y conquistar almas, no hay remedio más eficaz que exhibir valientemente el ánimo propio, con sus inquietudes, dudas y esperanzas. El tímido, el adulador de las muchedumbres, el idólatra de la rutina y de la hipocresía, cualquiera que sea su talento, no llegará jamás a ser un gran escritor.

ÍNDICE DE ILUSTRACIONES*

---

* Agradecemos a Cruz Osuna, del Legado Cajal, su ayuda en la identificación y mejora de calidad de las imágenes que ilustran este libro.

Pág. 62: Cubierta de *El pesimista corregido,* Barcelona, G. P., [1958].

Pág. 64: Cubierta de *¿Hombre artificial…? Páginas pseudoliterarias-semicientíficas,* Zaragoza, Goya, 1931.

Pág. 67: Retratos de Santiago Ramón y Cajal, atribuido a Ricardo Madrazo y Garreta, y José Echegaray, de Ferdinand Rouze. Reproducidos en *Galería de retratos,* Madrid, Ateneo de Madrid, 2018, pp. 273 y 109.

Pag. 83: Autorretrato de Santiago Ramón y Cajal junto a un microscopio en su laboratorio. 1910. 129 × 178 mm. Copia digital de placa fotográfica. Vidrio gelatino-bromuro. Legado Cajal-CSIC, LC01723.

Pag. 101: A la derecha, composición de cuatro autorretratos de Santiago Ramón y Cajal. 1886. Copia digital de placa fotográfica. 178 x 130 mm. Vidrio Gelatino-bromuro. A la izquierda, composición de cuatro autorretratos de Santiago Ramón y Cajal, con toga, microscopio y la medalla de la Academia de Medicina de Valencia. 1885. 162 x 111 mm. Legado Cajal-CSIC, LC01758 y LC01850.

Pag. 113: Cubierta de *El mundo visto a los 80 años. (Impresiones de un arteriosclerótico),* Madrid, Tipografía Artística, 1934.

Pag. 127: Carta borrador manuscrita y firmada de Santiago Ramón y Cajal a José Ortega y Gasset en agradecimiento por el obsequio de unos libros en la que se lamenta de las dificultades para reeditar su obra sobre la estructura del sistema nervioso. (Soporte separado en dos framentos y unidos con cinta). 1934. Legado Cajal-CSIC, C07572.

Pag. 129: Carta manuscrita de la Condesa de Pardo Bazán a Santiago Ramón y Cajal, donde expresa gratitud y respeto. 1912/04/10. Legado Cajal-CSIC, LC07043.

Pag. 146: Carta de Santiago Ramón y Cajal a Gregorio Marañón reproducida en Agustín Albarracín, *Santiago Ramón y Cajal o la pasión de España* (Barcelona, Labor, 1978). El original se encuentra en el Epistolario de Ramón y Cajal, de la Biblioteca Nacional de España, con la signatura Mss/22107/188-189.

Pag. 165: Retrato de Santiago Ramón y Cajal, frontispicio de sus *Obras literarias completas,* Madrid, Aguilar, 1947.

Pag. 166: Manuscrito de Santiago Ramón y Cajal. *La nueva literatura.* S/f. Cinco páginas. Legado Cajal-CSIC, LC05320166.

Pag. 175: Dibujo científico de Santiago Ramón y Cajal, corte transversal semiesquemático del cerebelo de un mamífero. 162 × 143 mm. Legado Cajal-CSIC, LC11322172.

(Colofón): Retrato de Ramón y Cajal en Matteo Farinella y Hana Ros, *Neurocómic,* Barcelona, Norma, 2014.

BIBLIOGRAFÍA BÁSICA

ALBARRACÍN, Agustín. *Santiago Ramón y Cajal o la pasión de España,* Barcelona, Labor, 1978.

EHRLICH, Benjamin. *The Brain in Search of Itself. Santiago Ramón y Cajal and the Story of the Neuron,* Nueva York, Farrar, Straus and Giroux, 2022.

FERNÁNDEZ SANTARÉN, Juan Antonio (ed.). *Santiago Ramón y Cajal. Premio Nobel 1906,* Madrid, Sociedad Estatal de Comunicaciones, 2006.

FERNÁNDEZ SANTARÉN, Juan Antonio. *Santiago Ramón y Cajal, Epistolario,* Madrid, La Esfera de los Libros-Fundación Ignacio Larramendi, 2014.

FERNÁNDEZ SANTARÉN, Juan y SÁNCHEZ RON, José Manuel. *Cajal. La España universal,* Madrid Accenture, 2010.

LÓPEZ PIÑERO, José María, TERRADA FERRANDIS, María Luz y RODRÍGUEZ QUIROGA, Alfredo. *Bibliografía Cajaliana. Ediciones de los escritos de Santiago Ramón y Cajal y estudios sobre su vida y obra,* Valencia, Albatros, 2000.

LÓPEZ PIÑERO, José María. *Santiago Ramón y Cajal,* Valencia, Servicio de Publicaciones de la Universidad de Valencia, 2006.

RAMÓN Y CAJAL, Santiago. *La psicología de los artistas. Las estatuas en vida y otros ensayos inéditos o desconocidos de Santiago Ramón y Cajal,* García Durán Muñoz y Julián Sánchez Duarte, comps., Vitoria, 1945.

—*Cajal. Escritos inéditos II,* ed. de García Durán Muñoz y Francisco Alonso Burón, Barcelona, Editorial Científico Médica, 1983 (2.ª ed.).

—*Cuentos de vacaciones,* Madrid, Espasa Calpe, 1991.

—*Recuerdos de mi vida,* ed. de Juan Fernández Santarén, Barcelona, Crítica, 2006.

—*Obras escogidas. Mi infancia y juventud, Los tónicos de la voluntad, El mundo visto a los ochenta años,* Madrid, Biblioteca Castro, 2022.

SALVADOR SALVADOR, Julio. «Santiago Ramón y Cajal: sinapsis entre ciencia y literatura. Reglas, consejos y cuentos», tesis doctoral, Facultad de Filología, Universidad Complutense de Madrid, 2023.

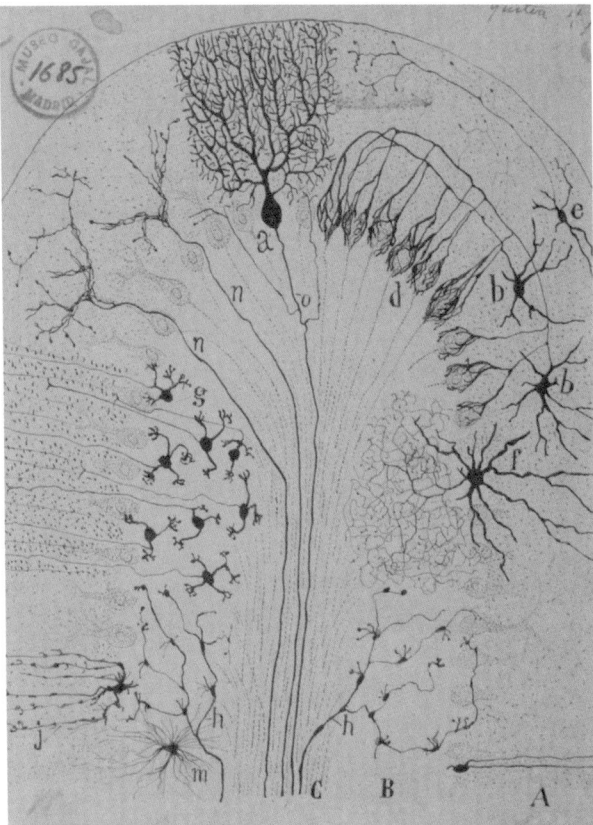

Día del Libro

También en la atrasada España han existido formidables lectores que conservaban el fervor libresco hasta la extrema senectud. Razones y encomios pueden resumirse en estas palabras: «Los libros son nuestros mejores amigos; portavoces de la sabiduría y de la tradición, nos brindan el remedio de nuestros desconsuelos e infortunios; nos permiten a toda hora conversar con los grandes genios de la Humanidad [...]»